◇はじめに◇

　愛知県の公立高校入試においては，正答率 50％未満の問題が全体の約 40％を占めており，難度の高い問題が多く見られます。これらは特定の分野や単元に集中する傾向があります。そのため，それらにおいて徹底的な対策を行うことが合格への鍵となります。

　本書では，愛知県の 6 年分の公立高校入試問題を分析し，正答率 50％未満の問題を抽出しました。これらの問題を出題例として提示し，類題を英俊社の持つ入試問題のデータベースから選定しています。さらに，他の都道府県の公立高校入試からも類題を選び，実践問題として掲載しています。自分の学習状況と志望校をふまえながら，本書を上手く入試対策に活用してください。

　また，入試直前期には，英俊社が出版している，最新の過去問題集「公立高校入試対策シリーズ＜赤本＞」と，入試本番の試験形式に沿って演習できる「愛知県公立高等学校　予想テスト」を仕上げて，万全の態勢で入試に向かってください。

JN020866

愛知県の公立高校入試の分析と対策

　過去 6 年の入試問題を正答率によって分類すると，グラフのようになります。ここから正答率 50% 未満の問題は全体の約 4 割も占めていることがわかります。

　正答率50%以上の問題を正解することはもちろん，正答率50%未満の問題であっても，正解できることが鍵となります。

　本書を利用して，正答率が低い問題に対する類題・実践問題をこなし，問題の要点を捉える力，適切な解法を見いだす力，遂行する力をつけましょう。

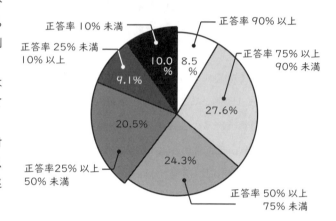

正答率 10% 未満　　　　　　　　　　正答率 90% 以上
正答率 25% 未満　　　　　　　　　　　正答率 75% 以上
10% 以上　　　　　　　　　　　　　　　90% 未満
10.0%　8.5%
9.1%
27.6%
20.5%
24.3%
正答率25%以上　　　　　　　　　　　正答率 50% 以上
50% 未満　　　　　　　　　　　　　　　75% 未満

本書の構成

　愛知県の公立高校入試問題は大問が 3 問の構成です。本書では，第 1 章で大問 1，第 2 章で大問 2，第 3 章で大問 3 の対策をしています。それぞれの章で，正答率の 50%以下の問題を集約し，分野別に並べ，**出題例**として掲載しています。さらに，**類題**，**実践問題**を掲載することで，多くの受験生が苦手とするような問題に対する解法を定着すること，そして，解答にいたるまでの問題をこなす能力を高められるようにしています。

※別冊解答解説では，**出題例**は解答のみ掲載しています。**類題**，**実践問題**はすべての問題に解説を掲載しています。

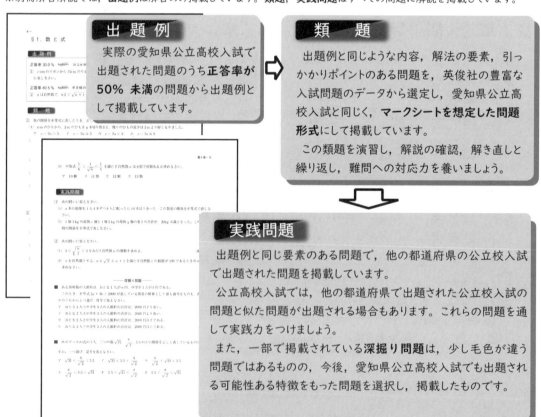

出 題 例

　実際の愛知県公立高校入試で出題された問題のうち**正答率が50% 未満**の問題から出題例として掲載しています。

類 題

　出題例と同じような内容，解法の要素，引っかかりポイントのある問題を，英俊社の豊富な入試問題のデータから選定し，愛知県公立高校入試と同じく，**マークシートを想定した問題形式**にして掲載しています。

　この類題を演習し，解説の確認，解き直しと繰り返し，難問への対応力を養いましょう。

実践問題

　出題例と同じ要素のある問題で，他の都道府県の公立校入試で出題された問題を掲載しています。

　公立高校入試では，他の都道府県で出題された公立校入試の問題と似た問題が出題される場合もあります。これらの問題を通して実践力をつけましょう。

　また，一部で掲載されている**深掘り問題**は，少し毛色が違う問題ではあるものの，今後，愛知県公立高校入試でも出題される可能性ある特徴をもった問題を選択し，掲載したものです。

第1章

大問1対策

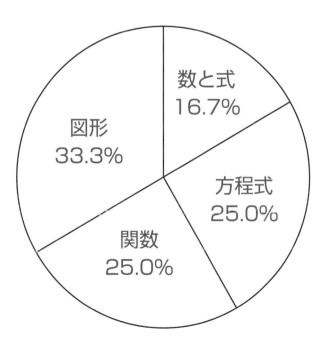

大問1で受験生の **1/2** 以上が **間違えた** 問題の分野

数と式 16.7%

図形 33.3%

方程式 25.0%

関数 25.0%

§1. 数 と 式

出 題 例

正答率 30.0 %　KeyPoint　以上か以下か，未満か「より多い」のかを読み取ろう。

① x cm のリボンから 15cm のリボンを a 本切り取ることができるという数量の関係を，不等式に表しなさい。

正答率 40.5 %　KeyPoint　平方根の大小は2乗して比較。平方根中の多項式の取り扱い注意。

② n は自然数で，$8.2 < \sqrt{n+1} < 8.4$ である。このような n をすべて求めなさい。

類 題

① 次の関係を不等式に表したとき，正しいものを次のア〜エの中から選びなさい。

(1) x m のひもから，2 m のひもを y 本切り取ると，残りのひもの長さは 3 m より短くなりました。

　　ア　$x - 2y > 3$　　イ　$x - 2y \geqq 3$　　ウ　$x - 2y < 3$　　エ　$x - 2y \leqq 3$

(2) 1 本 80 円の鉛筆を x 本と 1 本 100 円のボールペンを y 本買ったところ，その代金は 1000 円をこえました。

　　ア　$4x + 5y > 50$　　イ　$4x + 5y \geqq 50$　　ウ　$4x + 5y < 50$　　エ　$4x + 5y \leqq 50$

(3) 3 人の得点がそれぞれ a 点，b 点，80 点であるとき，3 人の平均点は，c 点より大きい。

　　ア　$a + b + 80 > c$　　イ　$a + b + 80 \geqq c$　　ウ　$a + b + 80 \geqq 3c$　　エ　$a + b + 80 > 3c$

(4) x 枚の画用紙を 4 枚ずつ y 人に配ったところ，何枚か余りました。

　　ア　$4x - y > 0$　　イ　$x - 4y \geqq 0$　　ウ　$x + 4y \geqq 1$　　エ　$x > 4y$

(5) 1 個 a 円のものを 3 個，2 個 b 円のものを 8 個買って 1000 円支払ったらおつりがあった。

　　ア　$3a + 8b - 1000 < 0$　　イ　$3a + 8b - 1000 \leqq 0$　　ウ　$3a + 4b - 1000 < 0$

　　エ　$3a + 4b - 1000 \geqq 0$

② 次の問いの答えとして，正しいものを次のア〜エの中から選び記号で答えなさい。

(1) $\sqrt{3n-1} < 8$ を満たす最大の自然数 n を求めなさい。

　　ア　$n = 2$　　イ　$n = 3$　　ウ　$n = 21$　　エ　$n = 22$

(2) $5 < \sqrt{2n+1} \leqq 6$ をみたす自然数 n の中で 2 番目に大きい値を求めなさい。

　　ア　$n = 14$　　イ　$n = 15$　　ウ　$n = 16$　　エ　$n = 17$

(3) $5 < \sqrt{3n} + 1 < 6$ をみたす整数 n の個数を求めなさい。

　　ア　3 個　　イ　4 個　　ウ　11 個　　エ　12 個

(4) 不等式 $10 < \sqrt{n^2 + n} < 10\sqrt{2}$ を満たす自然数 n の個数を求めなさい。

　　ア　1 個　　イ　2 個　　ウ　3 個　　エ　4 個

(5) 不等式 $\dfrac{1}{6} < \dfrac{1}{\sqrt{n}} < \dfrac{1}{5}$ を満たす自然数 n は全部で何個あるか求めなさい。

ア　10 個　　イ　11 個　　ウ　12 個　　エ　13 個

実践問題

1　次の問いに答えなさい。

(1)　a 本の鉛筆を 1 人 4 本ずつ b 人に配ったら 10 本以上余った。この数量の関係を不等式で表しなさい。　　　　　　　　　　　　　　　　　　　　　　　　　　　　　　　　　　（栃木県）

(2)　1 個 3 kg の荷物 x 個と 1 個 5 kg の荷物 y 個の重さの合計が，20kg 未満となった。この数量の間の関係を不等式で表しなさい。　　　　　　　　　　　　　　　　　　　　　（山梨県）

2　次の問いに答えなさい。

(1)　$3 < \sqrt{\dfrac{n}{2}} < 4$ をみたす自然数 n の個数を求めよ。　　　　　　　　　　（鹿児島県）

(2)　n を自然数とする。$n \leqq \sqrt{x} \leqq n + 1$ を満たす自然数 x の個数が 100 であるときの n の値を求めなさい。　　　　　　　　　　　　　　　　　　　　　　　　　　　　　　　（大阪府）

―――― 深掘り問題 ――――

1　ある美術館の入館料は，おとな 1 人が a 円，中学生 1 人が b 円である。

このとき，不等式 $2a + 3b > 2000$ が表している数量の関係として最も適当なものを，次のア〜エのうちから 1 つ選び，符号で答えなさい。　　　　　　　　　　　　　　　　　　　　（千葉県）

ア　おとな 2 人と中学生 3 人の入館料の合計は，2000 円より安い。

イ　おとな 2 人と中学生 3 人の入館料の合計は，2000 円より高い。

ウ　おとな 2 人と中学生 3 人の入館料の合計は，2000 円以下である。

エ　おとな 2 人と中学生 3 人の入館料の合計は，2000 円以上である。

2　次のア〜カの式のうち，三つの数 $\sqrt{31}$，$\dfrac{8}{\sqrt{2}}$，5.5 の大小関係を正しく表しているものはどれですか。一つ選び，記号を答えなさい。　　　　　　　　　　　　　　　　　　　　　　　　（大阪府）

ア　$\sqrt{31} < \dfrac{8}{\sqrt{2}} < 5.5$　　　イ　$\sqrt{31} < 5.5 < \dfrac{8}{\sqrt{2}}$　　　ウ　$\dfrac{8}{\sqrt{2}} < \sqrt{31} < 5.5$

エ　$\dfrac{8}{\sqrt{2}} < 5.5 < \sqrt{31}$　　　オ　$5.5 < \sqrt{31} < \dfrac{8}{\sqrt{2}}$　　　カ　$5.5 < \dfrac{8}{\sqrt{2}} < \sqrt{31}$

§2. 方程式

出題例

正答率 35.0 ％　KeyPoint　何を x とおけば解きやすいかを先に考えて立式しよう。

①(1)　クラスで記念作品をつくるために 1 人 700 円ずつ集めた。予定では全体で 500 円余る見込みであったが、見込みよりも 7500 円多く費用がかかった。そのため、1 人 200 円ずつ追加して集めたところ、かかった費用を集めたお金でちょうどまかなうことができた。

　　記念作品をつくるためにかかった費用は何円か、求めなさい。

正答率 33.0 ％　KeyPoint　比例式を利用する方程式の計算に慣れよう。

(2)　2 種類の体験学習 A, B があり、生徒は必ず A, B のいずれか一方に参加する。

　　A, B それぞれを希望する生徒の人数の比は 1：2 であった。その後、14 人の生徒が B から A へ希望を変更したため、A, B それぞれを希望する生徒の人数の比は 5：7 となった。

　　体験学習に参加する生徒の人数は何人か、求めなさい。

正答率 44.5 ％　KeyPoint　等しい関係の立式を整理しよう。

②　ある中学校の生徒数は 180 人である。このうち、男子の 16 ％と女子の 20 ％の生徒が自転車で通学しており、自転車で通学している男子と女子の人数は等しい。

　　このとき、自転車で通学している生徒は全部で何人か、求めなさい。

類題

①　次の問いに答えなさい。

(1)　あるクラスでお別れパーティーをすることになりました。全員から 1 人 800 円集めると、パーティーにかかる必要な経費が 2000 円足りなくなるので、1 人 900 円集めることにして、余った 1500 円で先生に花束を送ることにしました。このパーティーにかかる必要な経費として、正しいものを次のア～エの中から選び、記号で答えなさい。

　　ア　30000 円　　イ　32000 円　　ウ　35000 円　　エ　35500 円

(2)　ある店では、原価 200 円のリップクリームを 50 個仕入れ、原価に x ％の利益を乗せて定価をつけ販売しました。しかし、販売開始から 3 ヶ月間経っても 10 個しか売れませんでした。そこで、4 ヶ月目からは定価の 30 ％引きで販売しました。すると、販売から半年で売り切ることができました。リップクリームの利益は 1780 円となりました。このとき、x の値として、正しいものを次のア～エの中から選び、記号で答えなさい。ただし、消費税は考えないものとします。

　　ア　45 ％　　イ　50 ％　　ウ　55 ％　　エ　60 ％

(3)　2 つの品物 A と B の仕入れ値の比は 7：3 でしたが，両方ともに 70 円の利益を見込んで定価をつけたので，定価の比が 7：4 になりました。品物 A の仕入れ値として，正しいものを次のア～エの中から選び，記号で答えなさい。

　　ア　210 円　　イ　231 円　　ウ　245 円　　エ　280 円

(4)　姉と妹のもとの所持金の比は 7：4 であった。ある日，姉は自分の所持金から 3000 円を使い，妹は所持金の 25 ％を使ったので，姉と妹の所持金の比は 13：12 になった。このとき，姉のもとの所持金として，正しいものを次のア～エの中から選び，記号で答えなさい。

　　ア　2400 円　　イ　2600 円　　ウ　3200 円　　エ　5600 円

② 次の問いに答えなさい。

(1)　K 高校の昨年の入学者は 410 人だった。今年は男子が 10 ％減って，女子は 6 ％減ったため，全体で 35 人減った。このとき，今年の男子と女子の入学者数として，正しいものを次のア～エの中から選び，記号で答えなさい。

　　ア　男子 234 人，女子 141 人　　イ　男子 260 人，女子 150 人　　ウ　男子 279 人，女子 94 人
　　エ　男子 310 人，女子 100 人

(2)　あるコンクールへの今年の応募者数は男女合わせて 140 人であった。昨年の応募者数は今年に比べ，男子では 20 ％，女子では 15 ％，それぞれ少なく，男子と女子の変化した人数は同じであった。昨年の男子，女子の応募者数として，正しいものを次のア～エの中から選び，記号で答えなさい。

　　ア　男子 48 人，女子 68 人　　イ　男子 48 人，女子 92 人　　ウ　男子 60 人，女子 80 人
　　エ　男子 72 人，女子 92 人

実践問題

① 次の問いに答えなさい。

(1)　チョコレートが何個かと，それを入れるための箱が何個かある。1 個の箱にチョコレートを 30 個ずつ入れたところ，すべての箱にチョコレートを入れてもチョコレートは 22 個余った。そこで，1 個の箱にチョコレートを 35 個ずつ入れていったところ，最後の箱はチョコレートが 32 個になった。

　　このとき，箱の個数を求めなさい。　　　　　　　　　　　　　　　　　　　　（茨城県）

(2)　2 つの容器 A，B に牛乳が入っており，容器 B に入っている牛乳の量は，容器 A に入っている牛乳の量の 2 倍である。容器 A に 140mL の牛乳を加えたところ，容器 A の牛乳の量と容器 B の牛乳の量の比が 5：3 となった。はじめに容器 A に入っていた牛乳の量は何 mL であったか，求めなさい。ただし，解答欄の（解）には，答えを求める過程を書くこと。　　　　　　　（群馬県）

(3)　A の箱に赤玉が 45 個，B の箱に白玉が 27 個入っている。A の箱と B の箱から赤玉と白玉の個数の比が 2：1 となるように取り出したところ，A の箱と B の箱に残った赤玉と白玉の個数の比が 7：5 になった。B の箱から取り出した白玉の個数を求めなさい。　　　　　　　（三重県）

2 次の問いに答えなさい。

(1) ある学校の昨年の生徒数は男女合わせて 140 人であった。今年の生徒数は昨年と比べて，男子が 5 ％増え，女子が 10 ％減ったので，今年の生徒数は男女合わせて 135 人であった。

今年の男子の生徒数は何人か，求めなさい。 (大分県)

(2) ある市には A 中学校と B 中学校の 2 つの中学校があり，昨年度の生徒数は 2 つの中学校を合わせると 1225 人であった。今年度の生徒数は昨年度に比べ，A 中学校で 4 ％増え，B 中学校で 2 ％減り，2 つの中学校を合わせると 4 人増えた。このとき，A 中学校の昨年度の生徒数を x 人，B 中学校の昨年度の生徒数を y 人として連立方程式をつくり，昨年度の 2 つの中学校のそれぞれの生徒数を求めなさい。ただし，途中の計算も書くこと。 (栃木県)

──────── 深掘り問題 ────────

1 次の【問題】は，方程式 $6x - 10 = 4x + 20$ により解くことができる問題の一つです。 (1) ， (2) に当てはまることばの組み合わせとして最も適当なのは，ア～エのうちではどれですか。一つ答えなさい。 (岡山県)

【問題】

鉛筆を何人かの子供に配ります。1 人に 6 本ずつ配ると 10 本 (1) ，1 人に 4 本ずつ配ると 20 本 (2) ます。

子供の人数を x 人として，x を求めなさい。

ア (1) 余り (2) 余り　　イ (1) 余り (2) 不足し　　ウ (1) 不足し (2) 余り

エ (1) 不足し (2) 不足し

2 下の表は，平成 27 年から令和元年までのそれぞれの桜島降灰量を示したものである。次の □ にあてはまるものを下のア～エの中から 1 つ選び，記号で答えよ。 (鹿児島県)

令和元年の桜島降灰量は，□ の桜島降灰量に比べて約 47 ％多い。

年	平成 27 年	平成 28 年	平成 29 年	平成 30 年	令和元年
桜島降灰量(g/m^2)	3333	403	813	2074	1193

(鹿児島県「桜島降灰量観測結果」から作成)

ア 平成 27 年　　イ 平成 28 年　　ウ 平成 29 年　　エ 平成 30 年

§3. 関 数

出 題 例

正答率 44.5 %　KeyPoint　比例関係は1次関数といえるが逆はいえない。

1 (1)　次のアからエまでの中から，y が x の一次関数であるものをすべて選んで，そのかな符号を書きなさい。

　　ア　1辺の長さが $x\,\mathrm{cm}$ である立方体の体積 $y\,\mathrm{cm}^3$

　　イ　面積が $50\mathrm{cm}^2$ である長方形のたての長さ $x\,\mathrm{cm}$ と横の長さ $y\,\mathrm{cm}$

　　ウ　半径が $x\,\mathrm{cm}$ である円の周の長さ $y\,\mathrm{cm}$

　　エ　5 %の食塩水 $x\,\mathrm{g}$ に含まれる食塩の量 $y\,\mathrm{g}$

正答率 32.5 %　KeyPoint　x が負のときの y の値の動きに注意。

　(2)　関数 $y = x^2$ について正しく述べたものを，次のアからエまでの中からすべて選んで，そのかな符号を書きなさい。

　　ア　x の値が増加すると，y の値も増加する。

　　イ　グラフが y 軸を対称の軸として線対称である。

　　ウ　x の変域が $-1 \leqq x \leqq 2$ のとき，y の変域は $1 \leqq y \leqq 4$ である。

　　エ　x がどんな値をとっても，$y \geqq 0$ である。

正答率 42.0 %　KeyPoint　格子点の問題は条件に注意。

2 (1)　y が x に反比例し，$x = \dfrac{4}{5}$ のとき $y = 15$ である関数のグラフ上の点で，x 座標と y 座標がともに正の整数となる点は何個あるか，求めなさい。

正答率 47.0 %　KeyPoint　1次関数の変化の割合＝傾きなことに着目しよう。

　(2)　関数 $y = ax^2$（a は定数）と $y = 6x + 5$ について，x の値が1から4まで増加するときの変化の割合が同じであるとき，a の値を求めなさい。

類 題

1　次の問いに答えなさい。

　(1)　y が x に比例するものとして，正しいものを次のア〜エの中からすべて選び，記号で答えなさい。

　　ア　1個 x 円のノートを3冊買うと，合計金額は y 円である。

　　イ　1個 x 円の消しゴムを4個買い，3円の袋に入れてもらったときの合計金額は y 円である。

　　ウ　車が時速 $x\,\mathrm{km}$ で1時間20分走ると，走行距離は $y\,\mathrm{km}$ である。

　　エ　出席番号 x 番の生徒の身長は $y\,\mathrm{cm}$ である。

(2) $x < 0$ の範囲で，x の値が増加すると y の値は減少するものとして，正しいものを次のア～オの中からすべて選び，記号で答えなさい。

ア　$y = 2x$　　イ　$y = -\dfrac{1}{2}x$　　ウ　$y = -\dfrac{1}{2}x^2$　　エ　$y = \dfrac{2}{x}$　　オ　$y = -\dfrac{2}{x}$

② 次の問いに答えなさい。

(1) y が x に反比例し，$x = \dfrac{4}{5}$ のとき $y = -10$ である。この関数のグラフ上の点で，x 座標と y 座標がともに整数である点の個数として，正しいものを次のア～エの中から選び，記号で答えなさい。

ア　4個　　イ　6個　　ウ　8個　　エ　12個

(2) x，y は，ともに整数であるとする。$y = \dfrac{16}{x}$ において，$x > y$ が成り立つとき，x，y の組み合わせの個数として，正しいものを次のア～エの中から選び，記号で答えなさい。

ア　4通り　　イ　6通り　　ウ　8通り　　エ　9通り

(3) 1次関数 $y = \dfrac{1}{3}x + 1$ について，x の値が -1 から 3 まで増加するときの変化の割合と，関数 $y = ax^2$ について，x の値が 2 から 4 まで増加するときの変化の割合が等しいとき，a の値として，正しいものを次のア～エの中から選び，記号で答えなさい。

ア　$\dfrac{1}{3}$　　イ　$\dfrac{1}{6}$　　ウ　$\dfrac{1}{9}$　　エ　$\dfrac{1}{18}$

(4) 2つの関数 $y = x^2$ と $y = 6x - 1$ について，x の値が a から $a + 2$ まで増加するときの変化の割合が等しくなります。このとき，a の値として，正しいものを次のア～エの中から選び，記号で答えなさい。

ア　-2　　イ　$-\dfrac{1}{2}$　　ウ　$\dfrac{1}{2}$　　エ　2

実践問題

① 次の問いに答えなさい。

(1) 次のア～オのうち，y が x に反比例するものはどれですか。**すべて**選び，記号を書きなさい。

(大阪府)

ア　1冊 150 円のノート x 冊の代金 y 円

イ　1000m の道のりを分速 x m で進むときにかかる時間 y 分

ウ　箱の中の和菓子 20 個から x 個食べたときの箱の中に残った和菓子の個数 y 個

エ　x m のひもを 15 人で同じ長さに分けたときの一人当たりのひもの長さ y m

オ　面積が 25cm² である長方形のたての長さ x cm とよこの長さ y cm

(2) 次のア～オのうち，関数 $y = 2x^2$ について述べた文として正しいものをすべて選び，記号で答えなさい。　　　　　　　　　　　　　　　　　（群馬県）

　ア　この関数のグラフは，原点を通る。

　イ　$x > 0$ のとき，x が増加すると y は減少する。

　ウ　この関数のグラフは，x 軸について対称である。

　エ　x の変域が $-1 \leqq x \leqq 2$ のとき，y の変域は $0 \leqq y \leqq 8$ である。

　オ　x の値がどの値からどの値まで増加するかにかかわらず，変化の割合は常に 2 である。

2　次の問いに答えなさい。

(1) 関数 $y = \dfrac{16}{x}$ のグラフ上にあり，x 座標，y 座標がともに整数となる点の個数を求めよ。　　　　　　（京都府）

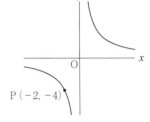

(2) 右の図は，点 P $(-2, -4)$ を通る反比例のグラフである。このグラフ上にあって，x 座標，y 座標がともに整数である点は，点 P を含め全部で何個か。　　　　　　　　　　　　（鹿児島県）

(3) 2つの関数 $y = ax^2$ と $y = -3x + 8$ において，x の値が 1 から 3 まで増加するときの変化の割合が等しくなる。このとき，a の値を求めなさい。　　　　　　　　　　　（秋田県）

(4) 関数 $y = x^2$ について，x が a から $a + 5$ まで増加するとき，変化の割合は 7 である。このとき，a の値を答えなさい。　　　　　　　　　　　　　　（新潟県）

(5) 関数 $y = -2x^2$ について，x の値が a から $a + 2$ まで増加するときの変化の割合が -40 である。このとき，a の値を求めよ。　　　　　　　　　　（京都府）

(6) 関数 $y = \dfrac{1}{4}x^2$ において，x の増加量が 4 のとき，y の増加量は 2 であった。このとき，x の値は何から何まで増加したか，求めなさい。　　　　　　　（秋田県）

────── 深掘り問題 ──────

1　次の問いに答えなさい。

(1) 次の問いに対する答えとして正しいものを，それぞれあとの 1～4 の中から 1 つ選び，その番号を答えなさい。

　　関数 $y = ax^2$ について，x の値が 1 から 4 まで増加するときの変化の割合が -3 であった。このときの a の値を求めなさい。　　　　　　　　　　　（神奈川県）

　1．$a = -5$　　2．$a = -\dfrac{3}{5}$　　3．$a = \dfrac{3}{5}$　　4．$a = 5$

(2) $-3 \leqq x \leqq -1$ の範囲で，x の値が増加すると y の値も増加する関数を，下の①～④の中から全て選び，その番号を書きなさい。　　　　　　　　　　（広島県）

　①　$y = 4x$　　②　$y = \dfrac{6}{x}$　　③　$y = -2x + 3$　　④　$y = -x^2$

§4. 図　形

出題例

正答率 29.9 ％　KeyPoint　直線は異なる 2 点で確定し，平面は異なる 3 点で確定する。

① 空間内の平面について正しく述べたものを，次のアからエまでの中から全て選びなさい。

　ア　異なる 2 点をふくむ平面は 1 つしかない。

　イ　交わる 2 直線をふくむ平面は 1 つしかない。

　ウ　平行な 2 直線をふくむ平面は 1 つしかない。

　エ　同じ直線上にある 3 点をふくむ平面は 1 つしかない。

正答率 27.0 ％　KeyPoint　半径の比と底面積比の関係に注意。倍の表現は 1 未満でもよい。

② 体積の等しい 2 つの円柱 P，Q があり，それぞれの底面の円の半径の比は 3：5 である。

　このとき，円柱 Q の高さは，円柱 P の高さの何倍か，求めなさい。

正答率 42.5 ％　KeyPoint　円の接線は接点を通る半径に直交する。

③ 図で，円 P，Q は直線 ℓ にそれぞれ点 A，B で接している。

　円 P，Q の半径がそれぞれ 4 cm，2 cm で，PQ = 5 cm の

　とき，線分 AB の長さは何 cm か，求めなさい。

　ただし，答えは根号をつけたままでよい。

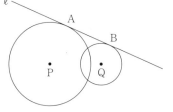

類　題

① 次の問いに答えなさい。

(1) 空間内に異なる 2 直線 ℓ，m と異なる 2 平面 P，Q があるとき，正しく述べたものを次のア〜
　オの中から選び，記号で答えなさい。

　ア　$\ell /\!/ \mathrm{P}$，$m /\!/ \mathrm{P}$ ならば $\ell /\!/ m$　　　イ　$\ell /\!/ \mathrm{P}$，$\ell /\!/ \mathrm{Q}$ ならば $\mathrm{P} /\!/ \mathrm{Q}$

　ウ　$\ell \perp m$，$\ell /\!/ \mathrm{P}$ ならば $m \perp \mathrm{P}$　　　エ　$\ell \perp \mathrm{P}$，$\ell \perp \mathrm{Q}$ ならば $\mathrm{P} /\!/ \mathrm{Q}$

　オ　$\ell \perp \mathrm{P}$，$m \perp \mathrm{P}$ ならば $\ell /\!/ m$

(2) 直線 P，Q，R と平面 a について，次の事がらのうち，つねに成り立つとはいえないものを次
　のア〜エの中から選び，記号で答えなさい。

　ア　$\mathrm{P} \perp a$，$\mathrm{Q} \perp a$ ならば，$\mathrm{P} /\!/ \mathrm{Q}$　　　イ　$\mathrm{P} /\!/ \mathrm{R}$，$\mathrm{Q} /\!/ \mathrm{R}$ ならば，$\mathrm{P} /\!/ \mathrm{Q}$

　ウ　$\mathrm{P} \perp \mathrm{Q}$，$\mathrm{P} \perp \mathrm{R}$ ならば，$\mathrm{Q} /\!/ \mathrm{R}$　　　エ　$\mathrm{P} /\!/ \mathrm{Q}$，$a \perp \mathrm{P}$ ならば，$a \perp \mathrm{Q}$

② 次の問いに答えなさい。ただし，円周率は π とします。

(1) 体積が $28\pi \,\mathrm{cm}^3$ の円柱がある。この円柱の底面の半径を 2 倍，高さを $\dfrac{1}{2}$ 倍したときにできる

　円柱の体積として，正しいものを次のア〜エの中から選び，記号で答えなさい。

　ア　$14\pi \,\mathrm{cm}^3$　　　イ　$28\pi \,\mathrm{cm}^3$　　　ウ　$56\pi \,\mathrm{cm}^3$　　　エ　$112\pi \,\mathrm{cm}^3$

(2) 底面の直径が $2\,\mathrm{cm}$, 高さが $4\,\mathrm{cm}$ の円柱がある。この円柱を, 底面積は同じで, 体積はもとの円柱の 0.7 倍になるとき, 円柱の高さとして, 正しいものを次のア〜エの中から選び, 記号で答えなさい。

　ア　$1.4\,\mathrm{cm}$　　イ　$2.8\,\mathrm{cm}$　　ウ　$4\,\mathrm{cm}$　　エ　$5.6\,\mathrm{cm}$

③　次の問いに答えなさい。

(1) 右図で円 O は半径が $6\,\mathrm{cm}$, 円 O$'$ は半径が $4\,\mathrm{cm}$ で, OO$' =$ $12\,\mathrm{cm}$ である。P と Q は 2 つの円に共通な接線と円との接点である。PQ の長さとして, 正しいものを次のア〜エの中から選び, 記号で答えなさい。

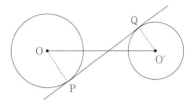

　ア　$2\sqrt{11}\,\mathrm{cm}$　　イ　$2\sqrt{13}\,\mathrm{cm}$　　ウ　$4\sqrt{11}\,\mathrm{cm}$　　エ　$6\,\mathrm{cm}$

(2) たて $6\,\mathrm{cm}$, 横 $4\,\mathrm{cm}$ の長方形の中で, 2 つの円が右の図のように接しています。長方形と小さい円は 2 か所で接し, 長方形と大きい円は 3 か所で接しています。小さい円の半径の長さ $x\,\mathrm{cm}$ として, 正しいものを次のア〜エの中から選び, 記号で答えなさい。

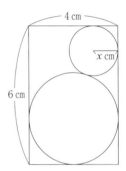

　ア　$8 - 4\sqrt{3}\,\mathrm{cm}$　　イ　$\sqrt{13}\,\mathrm{cm}$　　ウ　$2\sqrt{13}\,\mathrm{cm}$　　エ　$8 + 4\sqrt{3}\,\mathrm{cm}$

実践問題

①　次の問いに答えなさい。

(1) 空間内にある平面 P と, 異なる 2 直線 ℓ, m の位置関係について, つねに正しいものを, 次のア〜エから 1 つ選び, 記号で答えなさい。　　　　　　　　　　　　　　　　　　　　　（山形県）

　ア　直線 ℓ と直線 m が, それぞれ平面 P と交わるならば, 直線 ℓ と直線 m は交わる。

　イ　直線 ℓ と直線 m が, それぞれ平面 P と平行であるならば, 直線 ℓ と直線 m は平行である。

　ウ　平面 P と交わる直線 ℓ が, 平面 P 上にある直線 m と垂直であるならば, 平面 P と直線 ℓ は垂直である。

　エ　平面 P と交わる直線 ℓ が, 平面 P 上にある直線 m と交わらないならば, 直線 ℓ と直線 m はねじれの位置にある。

(2) 空間内に, 直線 ℓ をふくむ平面 A と, 直線 m をふくむ平面 B がある。直線 ℓ, 平面 A, 直線 m, 平面 B の位置関係について, つねに正しいものを, 次のア〜エから 1 つ選び, 記号で答えなさい。

　　　　　　　　　　　　　　　　　　　　　　　　　　　　　　　　　　　　　（山形県）

　ア　平面 A と平面 B が平行であるならば, 直線 ℓ と直線 m は平行である。

　イ　直線 ℓ と直線 m が平行であるならば, 平面 A と平面 B は平行である。

　ウ　平面 A と平面 B が垂直であるならば, 直線 ℓ と平面 B は垂直である。

　エ　直線 ℓ と平面 B が垂直であるならば, 平面 A と平面 B は垂直である。

2 次の問いに答えなさい。

(1) 球 A の表面積が球 B の表面積の 9 倍であり，球 B の半径が 4 cm であるとき，球 A の半径を求めよ。 　　　　　　　　　　　　（京都府）

(2) 右の図のような，相似比が 2：5 の相似な 2 つの容器 A，B がある。何も入っていない容器 B に，容器 A を使って水を入れる。このとき，容器 B を満水にするには，少なくとも容器 A で何回水を入れればよいか，整数で答えよ。 　　　　　　　　　　　　（愛媛県）

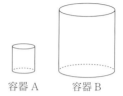

容器 A 　　容器 B

3 次の問いに答えなさい。

(1) 右の図の四角形 ABCD は，AD∥BC，∠C＝∠D＝90°の台形で，AD＝3 cm，BC＝9 cm です。この台形の辺 CD を直径として円 O をかくと，点 E で辺 AB と接します。このとき，図のかげ（▨）をつけた部分の面積を求めなさい。
　　　ただし，円周率は π とします。 　　　　　（埼玉県）

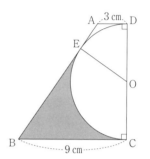

(2) 次図において，AB は半径 1 の円の直径であり，3 点 A，B，P は一直線上にある。また，PT は円の接線である。BP＝7 のとき，線分 PT および BT の長さを求めよ。 　　（京都市立西京高）

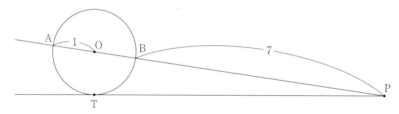

───── 深掘り問題 ─────

1 右の図は，立方体の展開図である。この展開図を組み立てて作られる立方体について，辺 AB と垂直な面をア～カのなかからすべて選び，符号で書きなさい。 　　　　　　　　　　　　（岐阜県）

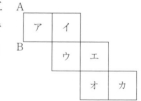

2 右の図のような立方体があり，線分 EG は正方形 EFGH の対角線である。このとき，∠AEG の大きさについて，正しく述べられている文は，ア～エのうちのどれですか。一つ答えなさい。 　　（岡山県）

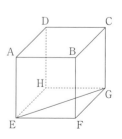

ア　∠AEG の大きさは，90°より大きい。

イ　∠AEG の大きさは，90°より小さい。

ウ　∠AEG の大きさは，90°である。

エ　∠AEG の大きさが 90°より大きいか小さいかは，問題の条件だけでは決まらない。

▶ 第2章
大問2対策

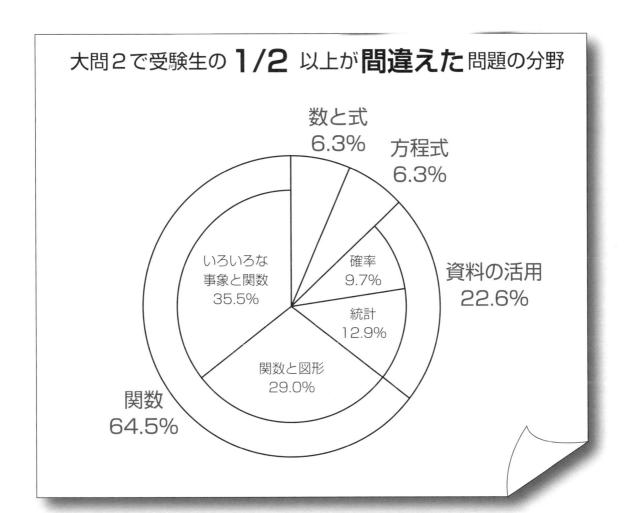

大問2で受験生の **1/2** 以上が **間違えた** 問題の分野

- 数と式 6.3%
- 方程式 6.3%
- 確率 9.7%
- 資料の活用 22.6%
- 統計 12.9%
- いろいろな事象と関数 35.5%
- 関数と図形 29.0%
- 関数 64.5%

§1. 数 と 式

出 題 例

正答率 15.5 ％ 　KeyPoint　 場合分けは書いて整理しておこう。

① 次の文章は，自然数の計算について述べたものである。

文章中の $\boxed{\ a\ }$，$\boxed{\ b\ }$ にあてはまる数を書きなさい。

与えられた自然数を次の規則にしたがって計算する。

> 奇数ならば，3倍して1を加え，偶数ならば，2で割る。
> 結果が1となれば，計算を終わり，結果が1とならなければ，上の計算を続ける。

例えば，与えられた自然数が3のときは，下のように7回の計算で1となる。

> ① 　② 　③ 　④ 　⑤ 　⑥ 　⑦
> 3 →10→ 5 →16→ 8 → 4 → 2 → 1

このとき，7回の計算で1となる自然数は，3を含めて4個あり，小さい順に並べると，3，$\boxed{\ a\ }$，$\boxed{\ b\ }$，128である。

正答率 45.5 ％ 　KeyPoint　 まず試行して，立式しよう。

② 次の文章は，連続する2つの自然数の間にある，分母が5で分子が自然数である分数の和について述べたものである。文章中の $\boxed{\ Ⅰ\ }$，$\boxed{\ Ⅱ\ }$，$\boxed{\ Ⅲ\ }$ にあてはまる数をそれぞれ書きなさい。また，$\boxed{\ Ⅳ\ }$ にあてはまる式を書きなさい。

1から2までの間にある分数の和は $\dfrac{6}{5} + \dfrac{7}{5} + \dfrac{8}{5} + \dfrac{9}{5} = 6$

2から3までの間にある分数の和は $\boxed{\ Ⅰ\ }$

3から4までの間にある分数の和は $\boxed{\ Ⅱ\ }$

4から5までの間にある分数の和は $\boxed{\ Ⅲ\ }$

また，n が自然数のとき，n から $n+1$ までの間にある分数の和は $\boxed{\ Ⅳ\ }$ である。

類 題

① 次の問いに答えなさい。

(1) 次の文章は，自然数の計算について述べたものである。文章中の $\boxed{\ Ⅰ\ }$，$\boxed{\ Ⅱ\ }$，$\boxed{\ Ⅲ\ }$ にあてはまる数または式として正しいものを次のア～カまでの中からそれぞれ選びなさい。

ある数に対し「2で割り，1を足す」という計算をSとする。最初の数を3とし，その3に対しSを行って得られる数をT(1)，さらにT(1)に対しSを行って得られる数をT(2)とする。すなわち，

$$\mathrm{T}(1) = 3 \div 2 + 1 = \dfrac{5}{2}, \ \mathrm{T}(2) = \mathrm{T}(1) \div 2 + 1 = \dfrac{5}{2} \div 2 + 1 = \dfrac{9}{4}$$

である。このようにして，最初の数を3とし，Sをn回繰り返し行って得られる数を$T(n)$とする。このとき，$T(3)$は $\boxed{\text{I}}$ ，$T(4)$は $\boxed{\text{II}}$ ，$T(n)$は $\boxed{\text{III}}$ である。

I　ア $\dfrac{13}{6}$　イ $\dfrac{17}{6}$　ウ $\dfrac{15}{8}$　エ $\dfrac{17}{8}$　オ $\dfrac{19}{8}$

II　ア $\dfrac{17}{8}$　イ $\dfrac{33}{8}$　ウ $\dfrac{29}{16}$　エ $\dfrac{31}{16}$　オ $\dfrac{33}{16}$

III　ア $\dfrac{1+4n}{2n}$　イ $\dfrac{2^{n+1}+1}{2n}$　ウ $\dfrac{2^n+1}{2^{n-1}}$　エ $\dfrac{2^{n+1}-1}{2^n}$　オ $\dfrac{2^{n+1}+1}{2^n}$

(2) 次の文章は，自然数の操作について述べたものである。文章中の $\boxed{\text{I}}$ ，$\boxed{\text{II}}$ ，$\boxed{\text{III}}$ にあてはまる数として正しいものを次のア～コまでの中から選びなさい。ただし $\boxed{\text{III}}$ はすべて選びなさい。

　ある自然数に対して，次の操作を行う。

・ある自然数が偶数ならば，その数に3を加える。

・ある自然数が奇数ならば，その数を3で割って余りが1，もしくは割り切れるときは，その数に1を加える。その数を3で割って余りが2のときは，その数に2を加える。

　例えば，1を3で割ると商が0，余りが1となるので，1に1を加えて2となる。そして，新しくできた数字に対して同じ操作を繰り返す。

○　最初に1を選び，この操作を5回行ったときにできる数字は $\boxed{\text{I}}$ である。また，操作を100回行ったときにできる数字は $\boxed{\text{II}}$ である。

○　最初に $\boxed{\text{III}}$ を選び，この操作を4回行うと20となる。

　　ア　9　　イ　10　　ウ　11　　エ　12　　オ　13　　カ　98　　キ　100　　ク　198

　　ケ　200　　コ　250

② 次の証明は，正の整数x，y，zについて，$x^2+y^2=z^2$が成り立つならば，「x，yのうち少なくとも一方は3の倍数である」ということを証明したものである。証明中の $\boxed{\text{I}}$ ～ $\boxed{\text{III}}$ に当てはまる数として正しいものを次のア～オまでの中から選びなさい。ただし $\boxed{\text{III}}$ はすべて答えなさい。ただし，同じものを何度使ってもよいものとします。

（証明）　正の整数xを3で割ったときの余りは，0，または1，または2である。ただし，割り切れるとき，余りは0と考えるものとする。したがって，すべての正の整数xは，0以上のある整数mを用いて，

　　$x=3m$，または$x=3m+1$，または$x=3m+2$

と表すことができる。

　　ここで，$x=3m$のとき，$x^2=(3m)^2=9m^2=3(3m^2)$……①

　　$x=3m+1$のとき，$x^2=(3m+1)^2=3(3m^2+2m)+1$……②

　　同じようにして，$x=3m+2$のとき，x^2を計算して，①，②の式のように整理し，①，②の結果とともにまとめれば，平方数x^2を3で割った余りは，

　　xが3で割り切れなければ，x^2を3で割った余りは $\boxed{\text{I}}$

であることが分かる。

　　よって，もし x, y の両方が 3 で割り切れないとすれば，

　　$x^2 + y^2$ を 3 で割った余りは $\boxed{\text{II}}$ となり，平方数 z^2 を 3 で割った余りが $\boxed{\text{III}}$ であることに反する。

　　よって，x, y のうち少なくとも一方は 3 の倍数である。　　　　　　　　　　（証明終）

ア　0　　イ　1　　ウ　2　　エ　3　　オ　4

実践問題

1　与えられた自然数について，次の［ルール］に従って繰り返し操作を行う。

　［ルール］

> ・その自然数が偶数ならば 2 でわる。
>
> ・その自然数が奇数ならば 3 をたす。

　　例えば，与えられた自然数が 10 のとき

　10 $\longrightarrow$ 5 $\longrightarrow$ 8 $\longrightarrow$ 4 $\longrightarrow$ 2 $\longrightarrow$ 1 $\longrightarrow$ ・・・
　　　　1回目　　2回目　　3回目　　4回目　　5回目　　6回目
　　　　の操作　　の操作　　の操作　　の操作　　の操作　　の操作

となり，5 回目の操作のあとではじめて 1 が現れる。このとき，(ア)～(エ)の各問いに答えなさい。

（佐賀県）

(ア)　与えられた自然数が 7 のとき，何回目の操作のあとで，はじめて 1 が現れるか求めなさい。

(イ)　1 から 9 までの自然数の中で，何回操作を行っても 1 が現れない自然数をすべて求めなさい。

(ウ)　与えられた自然数が 4 のとき，8 回目の操作のあとで現れる自然数を求めなさい。

(エ)　与えられた自然数が 4 のとき，何回目の操作のあとで，25 回目の 1 が現れるか求めなさい。

2　次の健太さんと春子さんの会話文を読んで，下の(1)，(2)の問いに答えなさい。　　　　（栃木県）

　健太：「1331 や 9449 のような 4 けたの数は，11 で割り切れることを発見したよ。」

　春子：「つまり，千の位と一の位が同じ数，そして百の位と十の位が同じ数の 4 けたの数は，11 の倍数になるということね。必ずそうなるか証明してみようよ。」

　健太：「そうだね，やってみよう。千の位の数を a，百の位の数を b とすればよいかな。」

　春子：「そうね。a を 1 から 9 の整数，b を 0 から 9 の整数とすると，この 4 けたの数 N は…」

　健太：「N $= 1000 \times a + 100 \times b + 10 \times \boxed{①} + 1 \times \boxed{②}$ と表すことができるね。」

　春子：「計算して整理すると，N $= \boxed{③}(\boxed{④}\,a + \boxed{⑤}\,b)$ になるわね。」

　健太：「$\boxed{④}\,a + \boxed{⑤}\,b$ は整数だから，N は 11 の倍数だ。」

　春子：「だからこのような 4 けたの数は，必ず 11 で割り切れるのね。」

(1)　$\boxed{①}$，$\boxed{②}$ に当てはまる適切な文字をそれぞれ答えなさい。

(2)　$\boxed{③}$，$\boxed{④}$，$\boxed{⑤}$ に当てはまる適切な数をそれぞれ答えなさい。

§2. 方 程 式

出 題 例

正答率 49.5 % KeyPoint どの辺に注目すれば解きやすいかを考えてから立式しよう。

① 図の○の中には，三角形の各辺の３つの数の和がすべて等しくなるよう
に，それぞれ数がはいっている。

ア，イにあてはまる数を求めなさい。

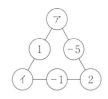

正答率 42.0 % KeyPoint 順を追って計算していこう。

② a, b を定数とする。二次方程式 $x^2 + ax + 15 = 0$ の解の１つは -3 で，もう１つの解は一次方程式 $2x + a + b = 0$ の解でもある。

このとき，a, b の値を求めなさい。

類 題

① 次の問いに答えなさい。

(1) 図の○の中には１〜９の数字が１つずつ入る。また，１列すべてを
足すと 17 になる。a，c にあてはまる数として正しいものを次のア〜
オまでの中から選びなさい。

ア （a, c）＝（1, 5）　　イ （a, c）＝（6, 5）　　ウ （a, c）＝（9, 5）

エ （a, c）＝（1, 6）　　オ （a, c）＝（5, 6）

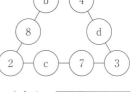

(2) 右の表は，縦横斜めを足した合計がすべて等しい。このとき，A にあてはまる
数として正しいものを次のア〜オまでの中から選びなさい。

ア 9　　イ 10　　ウ 13　　エ 17　　オ 19

B	C	12
A	E	D
16	15	11

② 次の問いに答えなさい。

(1) １次方程式 $4x - 6 = x + 3$ の解が x についての２次方程式 $x^2 + (a - 3)x - a^2 = 0$ の解となっているとき，a の値として正しいものを次のア〜オまでの中からすべて選びなさい。

ア 0　　イ 1　　ウ 2　　エ 3　　オ 4

(2) x の２次方程式 $x^2 - 2ax - a + 5 = 0$ の解の１つが，２次方程式 $x^2 + 3x - 28 = 0$ の小さい方の解より５大きいとき，定数 a の値として正しいものを次のア〜オまでの中から選びなさい。

ア -4　　イ -3　　ウ $-\dfrac{86}{19}$　　エ 3　　オ $\dfrac{86}{19}$

実践問題

① 図1のように，9つのますの縦，横，斜めのどの列においても，1列に並んだ　図1
3つの数の和が等しくなるよう，異なる整数を1つずつ入れる遊びがあります。
このような遊びについて，次の問いに答えなさい。　　　　　　　　　（北海道）

8	1	6
3	5	7
4	9	2

問1　この遊びでは，1列に並んだ3つの数の和は，どの列においても，9つ
あるます全体の中央のますに入っている数の3倍になります。このことを，
次のように説明するとき，　ア　～　ウ　に当てはまる単項式を，それぞれ書きなさい。

（説明）

> ある1列に並んだ3つの数の和を a とすると，9つのますに入っている数の和は，　ア
> と表すことができる。
> また，ます全体の中央のますを通る列は，縦，横，斜め，合わせて4列あるので，これら
> の列の3つの数の和の合計は，　イ　と表すことができる。
> さらに，ます全体の中央のますに入っている数を b とすると，9つのますに入っている数
> の和は，　イ　－　ウ　と表すことができる。
> よって，　ア　＝　イ　－　ウ　となり，計算すると，$a = 3b$ となる。
> したがって，1列に並んだ3つの数の和は，どの列においても，ます全体の中央のますに
> 入っている数の3倍になる。

問2　この遊びで，図2のように，ますの一部に整数が入っているとき，x，y　図2
は，それぞれいくつになりますか。
方程式をつくり，求めなさい。

	x	y
6		
-8	2	

② 2次方程式 $x^2 - 5x - 6 = 0$ の大きい方の解が，2次方程式 $x^2 + ax - 24 = 0$ の解の1つになっ
ている。
このときの a の値として正しいものを次の1～4の中から1つ選び，その番号を答えなさい。
（神奈川県）

　1．$a = -2$　　　2．$a = 5$　　　3．$a = 10$　　　4．$a = 23$

§3. 統　計

出 題 例

正答率27.0％　KeyPoint　複雑なデータに惑わされず，代表値の確認をしておこう。

1　下の表は，A市における1967年から2016年までの50年間の8月の真夏日（1日の最高気温が30度以上の日）の日数を調べて，度数分布表に整理したものであり，その平均値は25.64日である。また，A市における2017年の8月の真夏日の日数は30日であった。

真夏日の日数	13	14	15	16	17	18	19	20	21	22	23	24	25	26	27	28	29	30	31	計
度数（回）	1	0	0	0	0	1	1	3	1	1	5	4	2	10	3	5	4	8	1	50

　これらのことからわかることについて正しく述べたものを，次のアからカまでの中からすべて選んで，そのかな符号を書きなさい。

ア　A市における1967年から2017年までの51年間の8月の真夏日の日数の平均値は25.64日より大きい。

イ　A市における1967年から2016年までの50年間の8月の真夏日の日数の中央値は13日と31日の真ん中の22日である。

ウ　A市における1967年から2016年までの50年間の8月の真夏日の日数の中央値と1967年から2017年までの51年間の8月の真夏日の日数の中央値は同じである。

エ　A市における1967年から2016年までの50年間の8月の真夏日の日数の範囲は31日である。

オ　A市における1967年から2016年までの50年間の8月の真夏日の日数の範囲と1967年から2017年までの51年間の8月の真夏日の日数の範囲は同じである。

カ　A市における1967年から2016年までの50年間の8月の真夏日の日数の最頻値と1967年から2017年までの51年間の8月の真夏日の日数の最頻値は同じである。

正答率22.0％　KeyPoint　データの修正，追加によって変化する代表値をおさえよう。

2　次の文章は，あるクラスの生徒が10月に図書室から借りた本の冊数について述べたものである。文章中の　a　，　b　，　c　にあてはまる数を書きなさい。

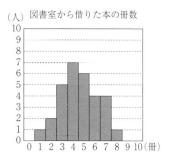

（人）図書室から借りた本の冊数

　生徒が借りた本の冊数を調べて，ヒストグラムに表すと右のようになった。このヒストグラムから，借りた本の冊数の代表値を調べると，最頻値は　a　冊，中央値は　b　冊であることがわかる。後日，Aさんの借りた本の冊数が誤っていたことに気付いたため，借りた本の冊数の平均値，中央値，範囲を求め直したところ，中央値と範囲は変わらなかったが，平均値は0.1冊大きくなった。これらのことから，Aさんが実際に借りた本の冊数は　c　冊であることがわかる。

類　題

1　次の問いに答えなさい。

(1)　右の図は，AチームとBチームの昨年の各80試合
の得点の分布のようすを箱ひげ図に表したものである。
このとき，箱ひげ図から読み取れることとして正しい
ものを次のア〜オまでの中からすべて選びなさい。

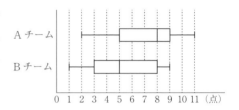

ア　どちらのチームも得点が9点の試合があった。

イ　どちらのチームも得点が8点以上の試合が15試合以上あった。

ウ　AチームとBチームの得点の四分位範囲は等しい。

エ　Aチームの得点の範囲のほうがBチームの得点の範囲より大きい。

オ　Bチームの8点以上の試合数は，Aチームの9点以上の試合数の半分である。

(2)　先生がクラスの生徒に次のような質問をしました。

「先日の縄跳びで，欠席者2人を除いたクラスの平均回数は29.5回でした。後日，欠席者2人
の回数を計り加えたところ，なんとクラスの平均回数は変わりませんでした。このことからどの
ようなことがわかりますか？

ただし，どちらの平均回数も四捨五入や切り捨てなどは行っていません。」

この質問に対して，生徒から次のア〜オの5つの返答がありました。先生の話から読み取れる
ものとして正しいものを次のア〜オまでの中からすべて選びなさい。

ア　欠席者2人の平均回数は29.5回ということがわかります。

イ　欠席者2人を加えても中央値は変わらないことがわかります。

ウ　欠席者2人を加えても最頻値は変わらないことがわかります。

エ　欠席者2人のうち少なくとも1人は平均回数より多く跳んでいることがわかります。

オ　クラスの最高記録は，先日跳んだN君の55回のままということがわかります。

2　次の問いに答えなさい。

(1)　次の文章は，あるクラス30人の生徒に10点満点のテストを行った結果を述べたものである。
文章中の　Ⅰ ，Ⅱ ，Ⅲ にあてはまる数として正しいものを次のア〜コまでの中から
選びなさい。

点数(点)	0	1	2	3	4	5	6	7	8	9	10	計
人数(人)	1	3	3	6	1	1	2	(ア)	3	(イ)	1	30

テストの点数の中央値を調べると Ⅰ であった。また，平均点が5.1点だったので，(ア)にあ
てはまる数は Ⅱ とわかる。その後，希望した生徒20人に再テストを行った。10点満点の再
テストの結果，平均値が6.2点であった。このとき，8点を取った生徒は最大で Ⅲ 人である。

ア　5　　イ　5.5　　ウ　6　　エ　6.5　　オ　7　　カ　13　　キ　14　　ク　15　　ケ　16

コ　17

(2) 20人の生徒が20点満点のテストを受けました。20人の得点は次のようになりました。

生徒のテストの得点(点)

2, 3, 3, 4, 5, 6, 7, 9, 9, 9, 10, 11, 11, 11, 12, 12, 14, 15, 16, 18

欠席していた1人の生徒が，翌日このテストを受けたところ □ 点でした。この生徒の得点をふくめると，中央値は0.5点増えましたが，第1四分位数と第3四分位数は変わりませんでした。□ にあてはまる整数として正しいものを次のア～オまでの中からすべて選びなさい。

ア　8　　イ　9　　ウ　10　　エ　11　　オ　12

実践問題

1　右の表は，A中学校の1年生30人とB中学校の1年生90人について，ある日の睡眠時間を調べ，その結果を度数分布表に整理したものである。この表から分かることを述べた文として正しいものを，次のア～エから1つ選び，その記号を書け。　　　　　　　　　　　　　　（愛媛県）

階級(時間)	A中学校 度数(人)	B中学校 度数(人)
4以上～5未満	0	1
5 ～ 6	3	8
6 ～ 7	10	27
7 ～ 8	9	29
8 ～ 9	7	21
9 ～ 10	1	4
計	30	90

ア　A中学校とB中学校で，最頻値は等しい。

イ　A中学校とB中学校で，8時間以上9時間未満の階級の相対度数は等しい。

ウ　A中学校で，7時間未満の生徒の割合は，40％以下である。

エ　B中学校で，中央値が含まれる階級は，6時間以上7時間未満である。

――――― 深掘り問題―――――

1　A中学校の図書委員会では，「3年生40人が1学期間に図書館から借りた本の冊数」について調べ，資料を整理しようと考えた。この資料の傾向を読み取るとき，次のア～エの説明の中で誤っているものをすべて選び，記号で答えなさい。　　　　　　　　　　　　　　（島根県）

ア　同じ資料でも，階級の幅が異なるとヒストグラムから読み取ることができる傾向が異なる場合がある。

イ　資料の中央値は，その資料の平均値よりも必ず大きな値となる。

ウ　資料の中央値，最頻値を調べると，本の冊数は整数の値なので，両方の値とも必ず整数の値となる。

エ　「B中学校の3年生210人が1学期間に図書館から借りた本の冊数」についての資料と分布のようすを比較しようとする場合は，相対度数を用いる。

§4. 確 率

出 題 例

正答率32.5％　KeyPoint　状況を書き出したり表を使ったりして整理して考えよう。

1　図のように，1から6までの数が書かれたカードが1枚ずつある。

　　1つのさいころを2回続けて投げる。1回目は，出た目の数の約数が書かれたカードをすべて取り除く。2回目は，出た目の数の約数が書かれたカードが残っていれば，そのカードをさらに取り除く。このとき，カードが1枚だけ残る確率を求めなさい。

1	2	3
4	5	6

正答率5.5％　KeyPoint　立てた式を整理してから考える。

2　次の文章中の　Ⅰ　にあてはまる式を書きなさい。また，　Ⅱ　にあてはまる数を書きなさい。

　　1から9までの9個の数字から異なる3個の数字を選び，3けたの整数をつくるとき，つくることができる整数のうち，1番大きい数をA，1番小さい数をBとする。例えば，2，4，7を選んだときは，A＝742，B＝247となる。

　　A－B＝396となる3個の数字の選び方が全部で何通りあるかを，次のように考えた。

　　選んだ3個の数字を，a，b，c（$a > b > c$）とするとき，A－Bをa，b，cを使って表すと，　Ⅰ　となる。この式を利用することにより，A－B＝396となる3個の数字の選び方は，全部で　Ⅱ　通りであることがわかる。

類 題

1　次の文章中の　Ⅰ　，　Ⅱ　に当てはまる数として正しいものを次のア～オまでの中から選びなさい。ただし，同じものを何度使ってもよいものとします。

(1)

　　片面が白，もう一方の面が黒に塗られていて，それぞれの面に1～30までの数字が書かれているカードを1枚ずつ用意する。1個のさいころを2回投げて，次のルールにしたがってカードを裏返す。ただし，カードの両面には同じ数字が書かれているものとする。

〈ルール〉

　　右図のように，カードは最初，30枚すべてを白い面を上にして並べておく。1個のさいころを1回投げ，出た目の数の倍数が書かれたカードを裏返す。カードは元に戻さずに，続けて1個のさいころをもう1回投げ，出た目の数の倍数が書かれたカードを裏返す。ただし，1の目が出たときはすべてのカードを裏返すものとする。

1	2	3	・・・・・・	29	30

　　このとき，すべてのカードの白い面が上になる確率は，　Ⅰ　，白い面を上にしているカードと，黒い面を上にしているカードの枚数が等しくなる確率は，　Ⅱ　である。

ア $\dfrac{1}{9}$　　イ $\dfrac{5}{36}$　　ウ $\dfrac{1}{6}$　　エ $\dfrac{7}{36}$　　オ $\dfrac{2}{9}$

(2)

> 1，2，3，4，5のカードが1枚ずつ合計5枚入っている袋と，右の図のような数字の書かれたます目がある。これらを使って次のようなゲームをする。袋からカードを1枚取り出し，書かれている数字と同じ数字のます目をすべて塗りつぶして，カードを袋に戻す。この操作を何回か行った後，ます目の縦，横，斜めいずれかの1列3ますが塗りつぶされていると，1つの列に対して1点が得られる。例えば，4回操作を行い，取り出したカードの数字が順に2，4，2，5のとき，得点は2点である。このとき，3回操作を行ったとき，得点が3点である確率は $\boxed{\text{I}}$ ，また，3回操作を行ったとき，得点が1点である確率は $\boxed{\text{II}}$ である。

1	4	3
2	5	2
1	4	1

ア $\dfrac{6}{125}$　　イ $\dfrac{12}{125}$　　ウ $\dfrac{36}{125}$　　エ $\dfrac{42}{125}$　　オ $\dfrac{83}{125}$

2 次の問いに答えなさい。

(1) 大中小3つのさいころをふり，出た目をそれぞれ a，b，cとする。このとき，$811a + 730b + 641c$ が9の倍数となる確率として正しいものを次のア～オまでの中から選びなさい。

ア $\dfrac{5}{54}$　　イ $\dfrac{11}{108}$　　ウ $\dfrac{3}{72}$　　エ $\dfrac{13}{108}$　　オ $\dfrac{23}{216}$

(2) 赤と白の2個のさいころを同時に投げる。このとき，赤いさいころの目を x，白いさいころの目を y として，次のような2つの整数A，Bをつくる。

　　Aは，十の位の数を x，一の位の数を y とする2けたの整数である。

　　Bは，十の位の数を y，一の位の数を x とする2けたの整数である。

　　このとき，A＋Bが5の倍数になる確率として正しいものを次のア～オまでの中から選びなさい。

ア $\dfrac{1}{6}$　　イ $\dfrac{7}{36}$　　ウ $\dfrac{2}{9}$　　エ $\dfrac{1}{4}$　　オ $\dfrac{5}{18}$

実践問題

1 下の図は，●，▲，✚，★の4種類のカードを，左から順に，●が4枚，▲が3枚，✚が3枚，★が3枚となるように，1列に並べたものです。正しくつくられた大小2つのさいころを同時に1回投げます。大きい方のさいころの出た目の数を x として，左から x 番目のカードとそれより左にあるすべてのカードを列から取り除きます。また，小さい方のさいころの出た目の数を y として，右から y 番目のカードとそれより右にあるすべてのカードを列から取り除きます。

(左) ● ● ● ● ▲ ▲ ▲ ✚ ✚ ✚ ★ ★ ★ (右)

これについて，次の(1)・(2)に答えなさい。　　　　　　　　　　（広島県）

(1) 取り除かれずに残っているカードが5枚のとき，y を x の式で表しなさい。

(2) 取り除かれずに残っているカードの種類が，3種類となる確率を求めなさい。

§5. 関　数

(1) 関数と図形

出 題 例

正答率 4.5 ％　KeyPoint　二等分する線が通るのはどの点か。中点とは限らないことに注意。

1　図で，O は原点，A，B はともに直線 $y = 2x$ 上の点，C は直線 $y = -\dfrac{1}{3}x$ 上の点であり，点 A，B，C の x 座標はそれぞれ 1，4，-3 である。

　このとき，点 A を通り，△OBC の面積を二等分する直線と直線 BC との交点の座標を求めなさい。

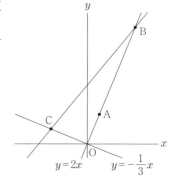

正答率 22.5 ％　KeyPoint　最大，最小の時にはどの点を通るか，グラフの変化をもとに考えよう。

2　図で，O は原点，四角形 ABCD は AC = 2BD のひし形で，E は対角線 AC と BD との交点である。

　点 A，E の座標がそれぞれ $(3, 10)$，$(3, 6)$ で，関数 $y = ax^2$（a は定数）のグラフがひし形 ABCD の頂点または辺上の点を通るとき，a がとることのできる値の範囲を，不等号を使って表しなさい。

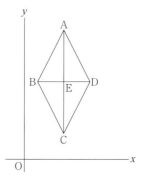

正答率 34.5 ％　KeyPoint　平行四辺形の特徴を抑えておこう。

3　図で，O は原点，A，B は関数 $y = \dfrac{1}{2}x^2$ のグラフ上の点で，x 座標はそれぞれ -2，4 である。また，C，D は関数 $y = -\dfrac{1}{4}x^2$ のグラフ上の点で，点 C の x 座標は点 D の x 座標より大きい。

　四角形 ADCB が平行四辺形のとき，点 D の x 座標を求めなさい。

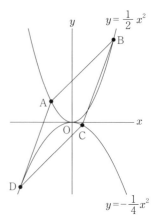

類　題

1　次の問いに答えなさい。

(1)　右の図のような3点A $(0,\ 2)$，B $(0,\ -4)$，C $(4,\ -2)$を頂点とする
　　△ABC について，原点 O を通り，△ABC の面積を2等分する直線の式
　　として正しいものを次のア〜オまでの中から一つ選びなさい。

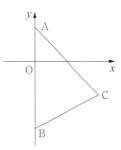

　　ア　$y = 0$　　イ　$y = -\dfrac{5}{2}x$　　ウ　$y = -2x$　　エ　$y = -\dfrac{3}{2}x$

　　オ　$y = -\dfrac{5}{6}x$

(2)　図のように3点A $(0,\ 4)$，B $(9,\ -8)$，C $(-3,\ 0)$をとり，
　　直線 BC と y 軸との交点を点 D とする。点 D を通り，△ABC
　　の面積を2等分する直線を ℓ とする。直線 ℓ の式として正しい
　　ものを次のア〜オまでの中から一つ選びなさい。

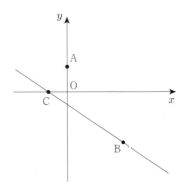

　　ア　$y = \dfrac{2}{3}x - 2$　　イ　$y = \dfrac{3}{2}x - 2$

　　ウ　$y = \dfrac{2}{3}x\ 2$　　エ　$y = \dfrac{4}{3}x\ 2$

　　オ　$y = -2x - 2$

2　次の問いに答えなさい。

(1)　2点A $(1,\ 1)$，B $(2,\ 3)$と，放物線 C：$y = ax^2$ がある。放物線 C と線分 AB が交わるとき，
　　a の最大値と最小値として正しいものを次のア〜オまでの中からそれぞれ一つ選びなさい。

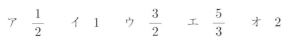

　　ア　$\dfrac{1}{4}$　　イ　$\dfrac{1}{2}$　　ウ　$\dfrac{3}{4}$　　エ　1　　オ　$\dfrac{5}{4}$

(2)　右の図のように，2つの放物線があり，①の式は $y = \dfrac{3}{2}x^2$ である。こ
　　れらの放物線上に1辺が4の正方形 ABCD の頂点がある。②の式を $y =$
　　ax^2 とするとき，a の値として正しいものを次のア〜オまでの中から一つ
　　選びなさい。

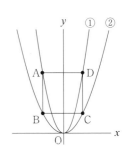

　　ア　$\dfrac{1}{2}$　　イ　1　　ウ　$\dfrac{3}{2}$　　エ　$\dfrac{5}{3}$　　オ　2

③ 次の問いに答えなさい。

(1) 図のように，放物線 $y = ax^2$ ……① と 2 直線 AD，BC があ
る。直線 BC の式は，$y = x + 4$ であり，四角形 ABCD は平
行四辺形である。放物線①と直線 AD との交点を E（x 座標は
正）とし，A (2, 14)，C (4, 8) とするとき，点 E を通り，平
行四辺形 ABCD の面積を 2 等分する直線の式として正しいも
のを次のア〜オまでの中から一つ選びなさい。

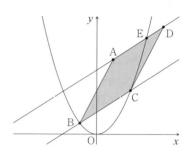

ア　$y = 2x$　　イ　$y = 2x + 5$　　ウ　$y = \dfrac{7}{3}x + 4$

エ　$y = 3x$　　オ　$y = \dfrac{11}{3}x$

(2) 右の図において，関数 $y = x^2$ のグラフ上に異なる 2 点 A，C があ
ります。また四角形 OABC が平行四辺形となるように，点 B をとり
ます。点 A の x 座標が 1，線分 AB の中点が y 軸上にあるとき，平行
四辺形 OABC の面積として正しいものを次のア〜オまでの中から一
つ選びなさい。

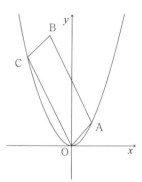

ア　3　　イ　6　　ウ　9　　エ　12　　オ　15

実践問題

① 次の問いに答えなさい。

(1) 右の図のように，直線 $y = \dfrac{1}{2}x + 2$ と直線 $y = -x + 5$ が点 A で交

わっている。直線 $y = \dfrac{1}{2}x + 2$ 上に x 座標が 10 である点 B をとり，点

B を通り y 軸と平行な直線と直線 $y = -x + 5$ との交点を C とする。
また，直線 $y = -x + 5$ と x 軸との交点を D とする。

　このとき，次の問い①・②に答えよ。　　　　　　　　　（京都府）

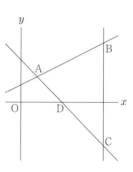

① 2 点 B，C の間の距離を求めよ。また，点 A と直線 BC との距離を
求めよ。

② 点 D を通り△ACB の面積を 2 等分する直線の式を求めよ。

(2) 右の図のように，関数 $y = -\dfrac{1}{3}x + 4$ のグラフ上に点

A $(3, 3)$ があり，このグラフと y 軸との交点を B としま

す。また，関数 $y = -\dfrac{1}{3}x$ のグラフ上を $x < 0$ の範囲で

動く点 C，y 軸上に点 D $(0, 3)$ があります。

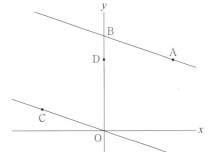

　これについて，次の①・②に答えなさい。　　　（広島県）

①　四角形 ABCO が平行四辺形となるとき，点 C の座標
　を求めなさい。

②　点 D を通り，△ABO の面積を 2 等分する直線の式を求めなさい。

2　右の図において，曲線は関数 $y = ax^2 \ (a > 0)$ のグラフで，曲
線上に x 座標が -3，3 である 2 点 A，B をとります。また，曲
線上に x 座標が 3 より大きい点 C をとり，C と y 座標が等しい
y 軸上の点を D とします。

　線分 AC と線分 BD との交点を E とすると，AE ＝ EC で，AC
⊥ BD となりました。このとき，a の値を求めなさい。（埼玉県）

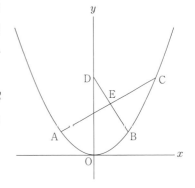

3　右の図で，曲線は関数 $y = \dfrac{1}{3}x^2$ のグラフです。曲線上に x 座標

が -6 である点 A をとり，点 A を通る直線 ℓ と y 軸との交点を B と
します。ただし，点 B の y 座標は正とします。

　また，曲線上に x 座標が -3 である点 C をとり，点 C を通って y
軸に平行な直線 m と直線 ℓ との交点を D とします。

　四角形 DCOB が平行四辺形となるとき，直線 ℓ の式を求めなさい。

　　　　　　　　　　　　　　　　　　　　　（埼玉県）

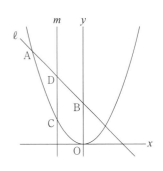

（2）　いろいろな事象と関数

出 題 例

正答率 ①65.5％　②9.0％　KeyPoint　グラフの折れから状況を整理しよう。

1　下図のような円形の遊歩道がある。

　　兄と弟が遊歩道上のA地点を出発し，それぞれ一定の速さで歩き，遊歩道を1周する。

　　兄と弟が反対方向に歩くとき，次の①，②の問いに答えなさい。

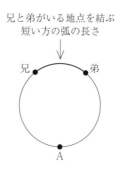

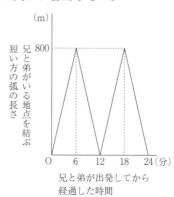

①　はじめに，兄と弟は，同時に出発し，2人とも24分で遊歩道を1周した。兄と弟が出発してから経過した時間と，兄と弟がいる地点を結ぶ短い方の弧の長さの関係をグラフに表すと，右上のようになった。

　　遊歩道1周の道のりは何mか，求めなさい。

②　次に，弟は兄より先に出発し，24分で遊歩道を1周して，A地点で止まり，兄を待った。兄は弟が出発してから6分後にA地点を出発し，弟が歩く速さと同じ速さで歩き，遊歩道を1周した。

　　兄が出発してからx分後の兄と弟がいる地点を結ぶ短い方の弧の長さをymとするとき，兄が出発してから遊歩道を1周するまでのxとyの関係を，グラフに表しなさい。

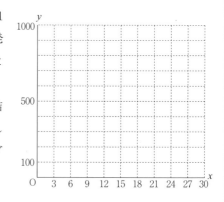

正答率 ①53.5 ％ ②13.0 ％ KeyPoint x がどの値でグラフが折れるのか想定しよう。

2　円柱の容器 A, B, C があり，3つの容器の底面積は等しく，高さは 80cm である。また，ポンプ P, Q があり，それぞれ容器 A から C へ，容器 B から C へ水を移すためのものである。ポンプ P によって容器 A にはいっている水の高さは1分間あたり 2 cm ずつ，ポンプ Q によって容器 B にはいっている水の高さは1分間あたり 1 cm ずつ低くなり，ポンプ P, Q は，それぞれ容器 A, B にはいっている水がなくなったら止まる。

　容器 A, B に水を入れ，容器 C は空の状態で，ポンプ P, Q を同時に動かしはじめる。

　このとき，次の①，②の問いに答えなさい。

　なお，容器 A, B に入れる水の量は，①，②の問いでそれぞれ異なる。

① ポンプ P, Q を動かす前の容器 A の水の高さが 40cm であり，ポンプ P, Q の両方が止まった後の容器 C の水の高さが 75cm であったとき，先に止まったポンプの何分後にもう一方のポンプは止まったか，答えなさい。

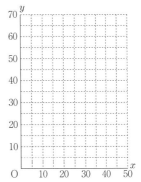

② ポンプ P, Q を同時に動かしはじめてから x 分後の容器 C の水の高さを y cm とする。ポンプ P, Q を動かしはじめてから，25 分後，50 分後の容器 C の水の高さがそれぞれ 45cm，65cm であったとき，$0 \leqq x \leqq 50$ における x と y の関係を，グラフに表しなさい。

正答率 ①34.5 ％ ②18.5 ％ KeyPoint グラフが折れるときの荷物の位置を考える。

3　図は，荷物 A, B が矢印の方向にベルトコンベア上を，毎秒 20cm の速さで荷物検査機に向かって進んでいるところを，真上から見たものである。荷物検査機と荷物 A, B を真上から見た形は長方形で，荷物検査機の長さは 100cm である。

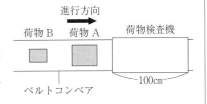

　荷物 A が荷物検査機に入り始めてから x cm 進んだときの，真上から見て荷物検査機に入って見えない荷物 A, B の面積の合計を y cm^2 とする。下の図は，荷物 A が荷物検査機に入り始めてから，荷物 B が完全に荷物検査機に入るまでの x と y の関係をグラフに表したものである。

　このとき，次の①，②の問いに答えなさい。

① 荷物 B が荷物検査機に完全に入ってから，荷物 B が完全に荷物検査機を出るまでの x と y の関係を表すグラフを，解答欄の図に書き入れなさい。

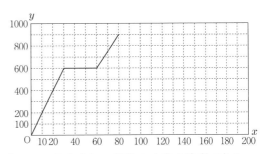

② 荷物検査機は，荷物が完全に荷物検査機に入っているときに，荷物の中身を検査できる。荷物 B の中身を検査できる時間は何秒間か，求めなさい。

類　題

1　次の問いに答えなさい。

(1)　図のように，円周の長さが720cmの円Oがあり，点Aは円Oの周上の
点である。2点P，QはAを同時に出発し，矢印の向きに円Oの周上をそ
れぞれ毎秒9cm，毎秒1cmの速さで動き続ける。このとき，次の問いに
答えなさい。

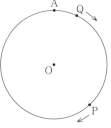

①　PとQが2回目にもっとも離れるのは，出発してから何秒後か，次の
ア～オまでの中から一つ選びなさい。

ア　80秒後　　イ　90秒後　　ウ　120秒後　　エ　135秒後　　オ　160秒後

②　P，Qが出発してから x 秒後のP，Qの位置と，y 秒後のP，Qの位置がちょうど逆になっ
た。$240 \leqq x \leqq 320$，$400 \leqq y \leqq 480$ のとき，x と y の値として正しいものを次のア～オまで
の中から一つ選びなさい。

ア　$(x,\ y) = (288,\ 432)$　　イ　$(x,\ y) = (288,\ 454)$　　ウ　$(x,\ y) = (336,\ 456)$

エ　$(x,\ y) = (336,\ 480)$　　オ　$(x,\ y) = (360,\ 460)$

(2)　Mさんは，同じ円周上を2つの点が動くとき，その2つの点に
よってつくられる弧の長さの変化について考えた。

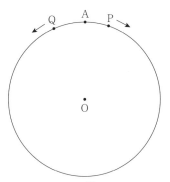

右図において，円Oの周の長さは40cmであり，Aは円Oの周
上の点である。2つの点PとQが点Aを同時に出発し，円Oの
周上を動く。点Pは点Aを出発し，秒速2cmで円Oの周上を右
回りに動き，点Qは点Aを出発し，秒速3cmで円Oの周上を左
回りに動き，点Pも点Qも動き始めてから12秒後に止まるもの
とする。

点P，Qが動き始めてから x 秒後のとき，点P，Qによってつくられる2つの $\overset{\frown}{PQ}$ のうち，短
い方の $\overset{\frown}{PQ}$ の長さを y cmとする。ただし，点P，Qが同じ点にあるときは $y = 0$，2つの $\overset{\frown}{PQ}$ の長
さが等しいときは $y = 20$ とする。

次の問いに答えなさい。

①　x の変域が $4 \leqq x \leqq 8$ のとき，y を x の式として正しいものを次のア～オまでの中から一つ
選びなさい。

ア　$y = -6x + 32$　　イ　$y = -5x + 40$　　ウ　$y = -x + 40$　　エ　$y = 5x + 32$

オ　$y = 6x + 28$

②　$y = 8$ となるときの x の値として正しいものを，次のア～オの中からすべて選びなさい。

ア　$\dfrac{4}{5}$　　イ　$\dfrac{8}{5}$　　ウ　$\dfrac{16}{5}$　　エ　$\dfrac{32}{5}$　　オ　$\dfrac{48}{5}$

2 次の問いに答えなさい。

(1) 下の図のように，座標平面上に直角三角形 ABC と正方形 OPQR がある。点 A，B，P は x 軸上にあり，AB = 4 cm，BC = 5 cm，CA = 3 cm，正方形の 1 辺は 3 cm とする。△ABC が x 軸上を正の方向に毎秒 1 cm の速さで平行移動する。点 B が原点 O の位置にあるときを 0 秒とし，t 秒後に △ABC と正方形 OPQR が重なっている部分の面積を S とするとき，次の問いに答えなさい。

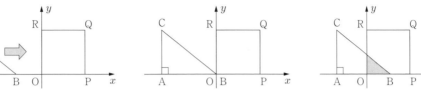

① $0 \leqq t \leqq 3$ のとき，S を t を用いて表したものとして正しいものを次のア〜オから一つ選びなさい。

ア $S = \dfrac{3}{4}t^2$　イ $S = \dfrac{3}{8}t^2$　ウ $S = \dfrac{5}{8}t^2$　エ $S = \dfrac{3}{16}t^2$　オ $S = \dfrac{5}{16}t^2$

② $3 < t \leqq 4$ のとき，S を t を用いて表したものとして正しいものを次のア〜オから一つ選びなさい。

ア $S = \dfrac{9}{2}t - \dfrac{27}{4}$　イ $S = \dfrac{9}{2}t - \dfrac{27}{8}$　ウ $S = \dfrac{9}{4}t - \dfrac{27}{4}$　エ $S = \dfrac{9}{4}t - \dfrac{27}{8}$

オ $S = \dfrac{3}{2}t - \dfrac{9}{4}$

(2) 右の図のように正方形 ABCD と長方形 PQRS があり，正方形 ABCD が一定の速さで右に動いています。正方形 ABCD の辺 CD が長方形 PQRS の辺 PQ と重なってから x 秒後に 2 つの四角形が重なっている部分の面積を $y\,\mathrm{cm}^2$ とします。あとのグラフは x と y の関係を表したものです。次の問いに答えなさい。ただし，長方形 PQRS の縦と横の長さは，正方形 ABCD の 1 辺の長さより長いものとします。

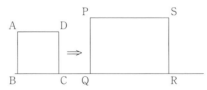

① 正方形 ABCD の 1 辺の長さとして正しいものを次のア〜オまでの中から一つ選びなさい。

ア 3 cm　イ 4 cm　ウ 5 cm　エ 8 cm　オ 9 cm

② 長方形 PQRS の横の長さとして正しいものを次のア〜オまでの中から一つ選びなさい。

ア 5 cm　イ 7.5 cm　ウ 10 cm　エ 13 cm

オ 16 cm

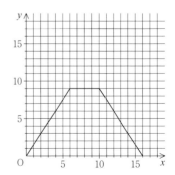

③ 次の問いに答えなさい。

(1) 底面の縦の長さ 50cm，横の長さ 80cm，高さ 30cm
の直方体の水そうがある。この水そうに，A，B 2 つの
給水ポンプと X，Y 2 つの排水ポンプが設置してある。
A の給水ポンプは，毎秒 200cm^3 ずつ水を入れること
ができる。Y の排水ポンプは，X の排水能力の 2 倍で
毎秒 300cm^3 ずつ水を排水する。A，B，X，Y のポン
プは毎秒一定ずつ給排水するとき，次の問いに答えな
さい。ただし，最初の水そうは，空であるとする。

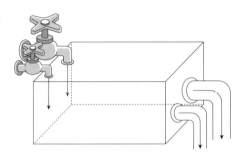

① 水そうが空のとき，A の給水ポンプのみを数分使った後に，A の給水ポンプを止めると同時
に B の給水ポンプを使って水を入れた。下のグラフは，そのときの水そうの水を入れ始めた経
過時間（秒）と水そうにたまる水の高さ（cm）を表している。B の給水ポンプの給水量は毎秒
何 cm^3 か正しいものを次のア～オの中から選びなさい。

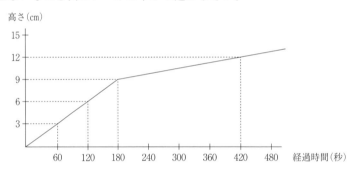

　ア　毎秒 20cm^3　　　イ　毎秒 30cm^3　　　ウ　毎秒 50cm^3　　　エ　毎秒 60cm^3

　オ　毎秒 100cm^3

② 水そうが空の状態で，A の給水ポンプのみで，1 分間水を入れた後に，すぐに給水を止めて，
同時に X と Y の排水ポンプの両方で排水を始めたとき，排水にかかる時間としてあてはまるも
のを次のア～オの中からそれぞれ選びなさい。

　ア　23 秒以上 24 秒未満　　　イ　24 秒以上 25 秒未満　　　ウ　25 秒以上 26 秒未満

　エ　26 秒以上 27 秒未満　　　オ　27 秒以上 28 秒未満

(2) 図1のように円柱形の上が空いた，ガラスの容器Xがあります。そこに一定の割合で水を注いでいきます。

右のグラフは，このときの時間と水面の高さの関係をグラフにしたものです。このグラフを a とします。次の問いに答えなさい。

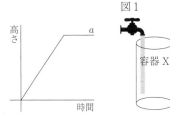

図1

① 図2のように容器Xの中に，容器Xより小さな四角柱の水に沈む重いブロックを入れました。このときの時間と水面の高さの関係を表したグラフ b として正しいものを次のア～オまでの中から一つ選びなさい。

図2

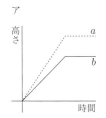

ア

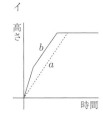

イ

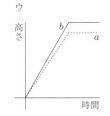

ウ

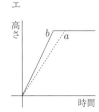

エ

② 次に，容器Xの中のブロックを取り除き，代わりに，図3のように容器Xよりも底面も高さも小さい円柱形のガラスの容器Yを入れました。容器Yは，上があいており，容器Xの底に固定されています。このときの時間と水面の高さの関係を表したグラフ c として正しいものを次のア～オまでの中から一つ選びなさい。ただし，容器Yの体積は考えないものとします。

図3

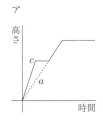

ア

イ

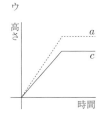

ウ

エ

実践問題

1　図1のように，池の周りにランニングコースがある。A さん，B さんの2人はランニングコース上のS地点を同時に出発し，A さんは右回りに毎秒3mの速さで走り続け，B さんは左回りに毎秒1mの速さで歩き続けたところ，2人が初めてすれ違うまでに90秒かかった。同時に出発してからx秒後のランニングコースに沿った2人の間の距離のうち，長くない方をymとし，すれ違うとき$y = 0$とする。このとき，xとyの関係を表したグラフの一部が図2である。

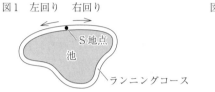
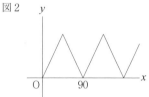

次の①，②に答えなさい。　　　　　　　　　　　　　　　　　　　　　　　　　　　　（山口県）

①　ランニングコース上で2人がすれ違う地点は何か所あるか。答えなさい。

②　2人が5回目にすれ違ってから6回目にすれ違うまでに，ランニングコースに沿った2人の間の距離が100mとなる場合が2回ある。これらは2人が出発してから何秒後と何秒後か。求めなさい。

2　次の問いに答えなさい。

(1)　右の図のように，200Lの水が入った水そうと，300Lの水が入ったタンクがある。

　水そうの底についている排水装置は，毎分2Lの割合で排水する。また，水そうの水の量が150Lになったとき，タンクの底についている給水装置が自動で動き始め，毎分5Lの割合で20分間水そうへ給水する。

　次の図は，水そうの排水装置を145分間動かしたときの，排水装置が動き始めてからの時間と，水そうの水の量との関係をグラフに表したものに，タンクの水の量の変化のようすをかき入れたものである。　　　　　　　　　　　　　　　　　（熊本県）

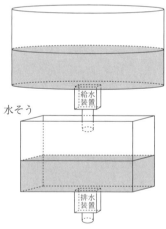

① 水そうの排水装置が動き始めてから30分後の，水そうの水の量とタンクの水の量をそれぞれ求めなさい。

② 水そうの排水装置が動き始めてからタンクが空になるまでに，水そうの水の量とタンクの水の量が等しくなるときが，グラフから3回あることがわかる。3回目に水そうの水の量とタンクの水の量が等しくなるのは，水そうの排水装置が動き始めてから何分何秒後か，求めなさい。

(2) 2つの水そうA，Bがあり，それぞれ次のように，一定の割合で水そうに水を入れる給水口と，一定の割合で水そうから水を出す排水口が1つずつついている。

［水そうA］

給水口：水そうの水の量が3Lまで減ると自動的に毎分3Lで給水が始まり，水そうの水の量が15Lになると自動的に給水が止まる。

排水口：毎分1Lで排水する。

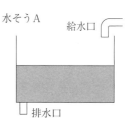

［水そうB］

給水口：水そうの水の量が3Lまで減ると自動的に毎分5Lで給水が始まり，水そうの水の量が15Lになると自動的に給水が止まる。

排水口：毎分3Lで排水する。

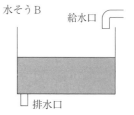

最初，2つの水そうA，Bにはどちらにも15Lの水が入っており，どちらの排水口も閉じている。この状態から，両方の排水口を同時に開き，30分後に閉じる。

次の図は，排水口を開いてからの時間と，水そうAの水の量の関係をグラフで表したものである。

このとき，あとの①，②の問いに答えなさい。 （茨城県）

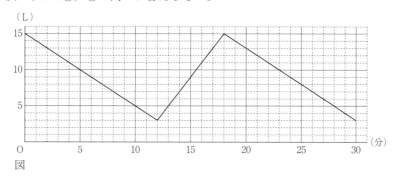

図

① 排水口を開いてから5分後の水そうBの水の量を求めなさい。

② 排水口を開いて10分たった時点から，排水口を閉じるまでに，2つの水そうA，Bの水の量が初めて等しくなるのは，排水口を開いてから何分何秒後か求めなさい。

③ 飛行機に乗るときは，荷物の中に危険物が入っていないか確認するため，荷物を X 線検査機に通す検査をすることになっています。

　次の図Ⅰは，その荷物検査のようすを真上から見たものです。スーツケースなどの荷物は，ベルトコンベアに乗せられ，矢印（⇨）の方向に一定の速さで運ばれて，X 線検査機を通過します。スーツケース A が，X 線検査機に入ってから x cm 進んだとき，スーツケース A とスーツケース B が X 線検査機の中に入っている部分の上面の面積の合計を y cm² とします。2 つのスーツケースの間の距離は 40cm です。また，X 線検査機の長さを ℓ cm，スーツケース B の上面の面積を S cm² とします。なお，どちらのスーツケースも直方体であると考えます。

　下の図Ⅱは，x と y の関係をグラフに表したものです。

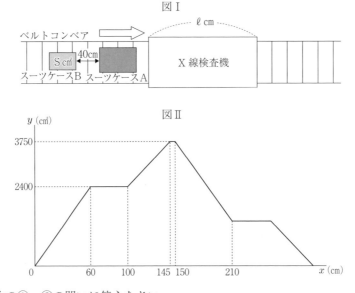

このとき，次の①，②の問いに答えなさい。　　　　　　　　　　　　　　　　　　（岩手県）

① X 線検査機の長さ ℓ と，スーツケース B の上面の面積 S を求めなさい。

② グラフにおいて，x の変域が $150 \leqq x \leqq 210$ のとき，y を x の式で表しなさい。

▶ 第3章

大問３対策

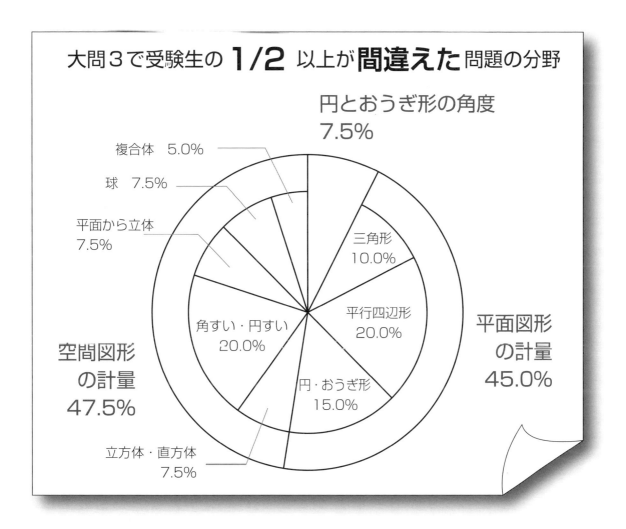

大問３で受験生の **1/2** 以上が **間違えた** 問題の分野

円とおうぎ形の角度
7.5%

複合体　5.0%

球　7.5%

平面から立体
7.5%

三角形
10.0%

平行四辺形
20.0%

角すい・円すい
20.0%

空間図形
の計量
47.5%

円・おうぎ形
15.0%

平面図形
の計量
45.0%

立方体・直方体
7.5%

§1. 円・おうぎ形の計量〈角度〉

出 題 例

正答率 23.0 %　KeyPoint　弧の長さから角度を求める。

1　図で，C，D は AB を直径とする半円 O の周上の点であり，E は直線 AC と BD との交点である。

　　半円 O の半径が 5 cm，弧 CD の長さが 2π cm のとき，∠CED の大きさは何度か，求めなさい。

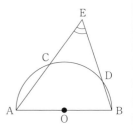

正答率 44.5 %　KeyPoint　接線は接点を通る半径と直交する。

2　図で，C，D は AB を直径とする円 O の周上の点，E は直線 AB と点 C における円 O の接線との交点である。

　　∠CEB = 42° のとき，∠CDA の大きさは何度か，求めなさい。

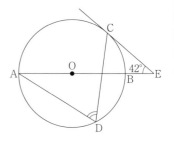

正答率 47.7 %　KeyPoint　二等辺三角形を発見しよう。

3　次の文章中の　アイ　に入る数字をそれぞれ答えなさい。

　　図で，A，B，C，D は円 O の周上の点で，AO ∥ BC である。
∠AOB = 48° のとき，∠ADC の大きさは　アイ　度である。

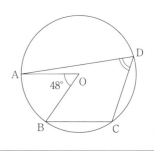

類 題
次の文章中の　アイ　などに入る数字をそれぞれ答えなさい。

1　図で，A，B，C，D は円 O の周上の点で，円 O の半径は 12 cm である。$\overset{\frown}{AB}$ = 3π cm，$\overset{\frown}{CD}$ = 4π cm のとき，∠AED の大きさは　アイウ　.　エ　度である。

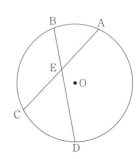

② 図で，円 O の円周上に 4 点 A，B，C，D をこの順に $\overset{\frown}{AB}:\overset{\frown}{BC}:\overset{\frown}{CD}=1:$ 2：3 となるようにとると，∠ABD = 66° であった。
　　このとき，∠BDC の大きさは ［アイ］ 度である。

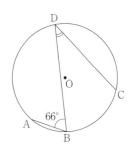

③ 図で，AB，CD を直径とする円 O がある。∠ABE = 28°，$\overset{\frown}{AE}:\overset{\frown}{ED}=$ 2：3 のとき，∠x の大きさは ［アイ］ 度である。

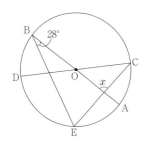

④ 図で，直線 ℓ は点 A で円 O に接していて，∠ABC = 100° です。 $\overset{\frown}{AB}\cdot\overset{\frown}{BC}=2\cdot3$ であるとき，∠x の大きさは ［アイ］ 度である。

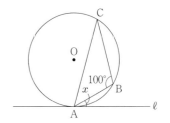

⑤ 図で，直線 ℓ，m は円の接線である。∠x の大きさは ［アイ］ 度である。

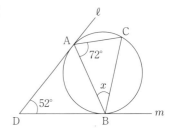

⑥ 図で，円 O と直線 ℓ は点 P で接しています。∠ADP = 42° であるとき，∠x の大きさは ［アイ］ 度である。

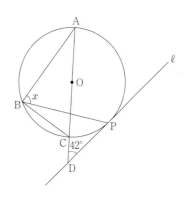

⑦　図で，O は円の中心とします。このとき，∠x の大きさは　アイ　度である。

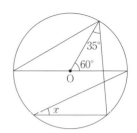

⑧　図で，点 O は円の中心で，AB∥CD とします。∠x の大きさは　アイ　度である。

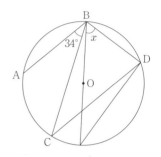

⑨　図で，O は円の中心です。∠x の大きさは　アイ　度である。

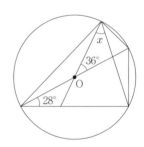

実践問題

①　右の図は，線分 AB を直径とする半円で，点 O は AB の中点である。2 点 C，D は $\overparen{AB}$ 上にあって，$\overparen{AC}$ と $\overparen{CD}$ の長さの比は 1：2 である。また，点 E は AC の延長と点 D で半円に接する直線との交点である。

　　∠BAE = 70°であるとき，∠CED の大きさを求めなさい。(熊本県)

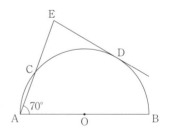

②　次の　　　の中の「あ」「い」に当てはまる数字をそれぞれ答えよ。

　　右の図で点 O は線分 AB を直径とする円の中心であり，2 点 C，D は円 O の周上にある点である。

　　4 点 A，B，C，D は図のように A，C，B，D の順に並んでおり，互いに一致しない。点 B と点 D，点 C と点 D をそれぞれ結ぶ。線分 AB と線分 CD との交点を E とする。

　　点 A を含まない $\overparen{BC}$ について，$\overparen{BC} = 2\overparen{AD}$，∠BDC = 34°のとき，$x$ で示した∠AED の大きさは，　あい　度である。

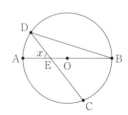

(東京都)

③ 右の図のように，3点 A，B，C が円周上にあり，2直線 PA，PB はともに円の接線である。∠APB = 50° のとき，∠x の大きさは何度か。 （鹿児島県）

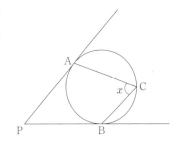

④ 右の図のように，円 O の外の点 P から中心 O を通る直線をひき，円との交点を点 P に近い方からそれぞれ点 A，B とします。また，点 P から円 O に接線を1本ひき，その接点を点 C とします。さらに，点 B からこの接線に垂線をひき，円との交点を D，接線との交点を E とします。∠APC = 32° のとき，∠DCE の大きさ x を求めなさい。 （埼玉県）

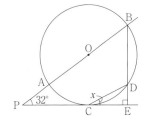

⑤ 右の図のように，円 O の周上に点 A，B，C，D がある。∠AOB = 38°，∠ADC = 56° のとき，∠x の大きさを求めなさい。 （大分県）

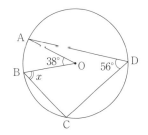

⑥ 次の問いに対する答えとして正しいものを，それぞれあとの1〜4の中から1つ選び，その番号を答えなさい。

右の図において，4点 A，B，C，D は円 O の周上の点で，AD ∥ BC である。

また，点 E は点 A を含まない $\overgroup{BC}$ 上の点であり，点 F は線分 AE と線分 BD との交点である。

このとき，∠AFD の大きさを求めなさい。 （神奈川県）

1．72°　　2．74°　　3．76°　　4．80°

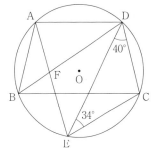

§2. 平面図形の計量

(1) 三　角　形

出　題　例

正答率 ①39.5 ％　②7.0 ％　KeyPoint　相似比と面積比の関係を利用する。

1　図で，△ABC は AB ＝ AC の二等辺三角形であり，D，E は
それぞれ辺 AB，AC 上の点で，DE ∥ BC である。また，F，
G はそれぞれ∠ABC の二等分線と辺 AC，直線 DE との交点
である。

　AB ＝ 12cm，BC ＝ 8 cm，DE ＝ 2 cm のとき，次の①，②
の問いに答えなさい。

①　線分 DG の長さは何 cm か，求めなさい。

②　△FBC の面積は△ADE の面積の何倍か，求めなさい。

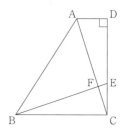

正答率 ①77.0 ％　②12.5 ％　KeyPoint　底辺比と面積比の関係を利用する。

2　図で，四角形 ABCD は，AD ∥ BC，∠ADC ＝ 90°の台形である。
E は辺 DC 上の点で，DE：EC ＝ 2：1 であり，F は線分 AC と EB と
の交点である。

　AD ＝ 2 cm，BC ＝ DC ＝ 6 cm のとき，次の①，②の問いに答えな
さい。

①　線分 EB の長さは何 cm か，求めなさい。

②　△ABF の面積は何 cm^2 か，求めなさい。

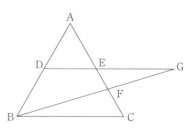

類　　題　　次の文章中の □アイ□ などに入る数字をそれぞれ答えなさい。

1　右の図の正三角形 ABC において辺 AB，AC の中点をそれ
ぞれ D，E とする。また，点 F は線分 AC 上の点で線分 DE の
延長線と線分 BF の延長線の交点を G とする。このとき，BF：
FG ＝ 6：5 であった。

　三角形 BDG の面積を S$_1$，三角形 ABC の面積を S$_2$ とする
とき，

①　△BDE の面積は△BDG の面積の $\dfrac{\boxed{\text{ア}}}{\boxed{\text{イ}}}$ 倍である。

②　S$_1$：S$_2$ をもっとも簡単な整数の比で表すと □ウ□：□エ□ である。

② 図のような△ABC において，点 P，R はそれぞれ辺 AB，AC の中点である。辺 BC の C の延長線上に，BC：CQ = 3：1 となる点 Q をとるとき，

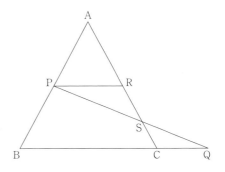

① PR：QC を最も簡単な整数の比で表すと 　ア　：　イ　である。

② AC と PQ の交点を S とするとき，△APR と四角形 PBCS の面積比を最も簡単な整数の比で表すと 　ウ　：　エオ　である。

③ 図のように，平行四辺形 ABCD の辺 CD 上に，CL：LD = 2：3 となる点 L をとり，辺 AD の中点を M とする。また，線分 AL と BM の交点を N とする。このとき，

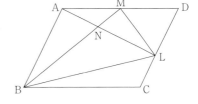

① AN と NL の長さの比を最も簡単な整数の比で表すと 　ア　：　イ　である。

② △LMN と△BCL の面積比を最も簡単な整数の比で表すと 　ウ　：　エオ　である。

④ 1 辺の長さが 10 の正方形 ABCD がある。辺 AB，BC，CD の中点をそれぞれ E，F，G とし，線分 DF と線分 AG，CE との交点を P，Q とする。このとき，

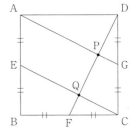

① 線分 DQ の長さは 　ア　√　イ　である。

② 点 A と点 Q を結んでできる△AQD の面積は 　ウエ　である。

実践問題

① 右の図のように，△ABC があり，AB = 9 cm，BC = 7 cm である。∠ABC の二等分線と∠ACB の二等分線との交点を D とする。また，点 D を通り辺 BC に平行な直線と 2 辺 AB，AC との交点をそれぞれ E，F とすると，BE = 3 cm であった。

このとき，次の問い(1)〜(3)に答えよ。　　　　（京都府）

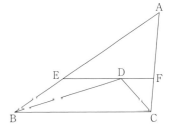

(1) 線分 EF の長さを求めよ。

(2) 線分 AF の長さを求めよ。

(3) △CFD と△ABC の面積の比を最も簡単な整数の比で表せ。

2 　右の図のような，AB＝AC の二等辺三角形 ABC がある。辺 AC 上に 2 点 A，C と異なる点 D をとり，点 C を通り辺 BC に垂直な直線をひき，直線 BD との交点を E とする。

　　AB＝5cm，BC＝CE＝6cm であるとき，△BCD の面積は何 cm^2 か。　　　　　　　　　　　　　　　　（香川県）

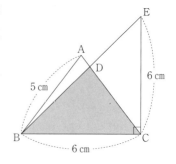

3 　右の図のような平行四辺形 ABCD があり，辺 BC 上に点 E を辺 BC と線分 AE が垂直に交わるようにとり，辺 AD 上に点 F を AB＝AF となるようにとる。

　　また，線分 BF と線分 AE との交点を G，線分 BF と線分 AC との交点を H とする。

　　AB＝15cm，AD＝25cm，∠BAC＝90° のとき，三角形 AGH の面積を求めなさい。

　　　　　　　　　　　　　　　　　　　　　　　　（神奈川県）

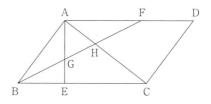

4 　右の図において，三角形 ABC は，1 辺の長さが 5cm の正三角形であり，辺 AB 上に，AD＜AE，AD：EB＝1：2 となるように点 D と点 E をとる。点 D を通り辺 AC に平行な直線と，点 E を通り辺 BC に平行な直線との交点を F とし，三角形 DEF をつくる。このとき，次の(1)・(2)の問いに答えなさい。　　　　　　　　　　　　（高知県）

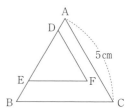

(1)　AD＝1cm のとき，三角形 ABC から三角形 DEF を除いた残りの部分の図形の面積を求めよ。

(2)　三角形 ABC から三角形 DEF を除いた残りの部分の図形の面積が，三角形 ABC の面積の 36 ％であるとき，線分 AD の長さを求めよ。

(2) 平行四辺形（四角形）

出 題 例

正答率 ① 73.6 ％　② 35.8 ％　KeyPoint　相似を利用して線分比を求める。

1　次の文章中の　アイ　などに入る数字をそれぞれ答えなさい。

　　図で，四角形 ABCD は長方形で，E は辺 AB の中点である。また，F は辺 AD 上の点で，FE ∥ DB であり，G，H はそれぞれ線分 FC と DE，DB との交点である。

　　AB = 6 cm，AD = 10cm のとき，

①　線分 FE の長さは $\sqrt{\boxed{\text{アイ}}}$ cm である。

②　△DGH の面積は　ウ　cm² である。

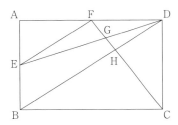

正答率 ① 25.0 ％　② 8.0 ％　KeyPoint　面積から線分比を考える。

2　図で，四角形 ABCD は長方形であり，E は長方形 ABCD の内部の点で，∠BAE = 45° である。

　　四角形 ABCD，△ABE，△AED の面積がそれぞれ 80cm²，10cm²，16cm² のとき，次の①，②の問いに答えなさい。

①　△DEC の面積は何 cm² か，求めなさい。

②　辺 AB の長さは何 cm か，求めなさい。

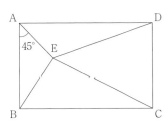

正答率 ① 41.0 ％　② 8.5 ％　KeyPoint　線を延長して相似を発見する。

3　図で，四角形 ABCD は長方形である。E，F はそれぞれ辺 BC，DC 上の点で，EC = 2BE，FC = 3DF である。また，G は線分 AE と FB との交点である。

　　AB = 4 cm，AD = 6 cm のとき，次の①，②の問いに答えなさい。

①　線分 AG の長さは線分 GE の長さの何倍か，求めなさい。

②　3 点 A，F，G が周上にある円の面積は，3 点 E，F，G が周上にある円の面積の何倍か，求めなさい。

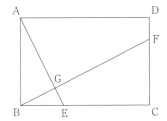

正答率 ① 30.5 ％　② 8.5 ％　KeyPoint　どの線を延長すべきか考える。

4　図で，四角形 ABCD は正方形であり，E は辺 DC の中点，F は線分 AE の中点，G は線分 FB の中点である。

　　AB = 8 cm のとき，次の①，②の問いに答えなさい。

①　線分 GC の長さは何 cm か，求めなさい。

②　四角形 FGCE の面積は何 cm² か，求めなさい。

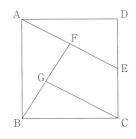

類　題　次の文章中の ア イ などに入る数字をそれぞれ答えなさい。

1　右の図のように，長方形 ABCD と 1 辺の長さが 2 の正三角形
　PQD があり，BD と PQ が垂直に交わっている。BD と PQ，AQ
　の交点をそれぞれ R，S とするとき，

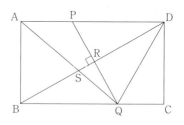

　① AQ の長さは $\sqrt{\boxed{\text{ア}}}$ である。

　② △QRS の面積は $\dfrac{\sqrt{\boxed{\text{イ}}}}{\boxed{\text{ウエ}}}$ である。

2　図で，2 つの長方形 ABCD，BEFD があり，AB = 15cm，
　AD = 20cm とします。点 C は辺 EF 上にあり，点 G は辺
　BC と対角線 DE との交点とします。このとき，

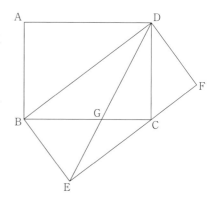

　① 線分 CE の長さは ア イ cm である。

　② （△BGE の面積）:（四角形 ABGD の面積）を，最も簡
　単な整数の比で表すと ウ ： エオ である。

3　右の図のように，BC = 11cm の直角三角形 ABC の辺 BC
　上に点 D をとり，平行四辺形 ADCE をつくった。また，平
　行四辺形 ADCE の辺 AE 上に，AD = AF となるような点 F
　をとり，DF の延長と CE の延長との交点を G とした。AC
　と DG，DE との交点をそれぞれ H，I とし，BD = 3 cm，
　GE = 2 cm のとき，

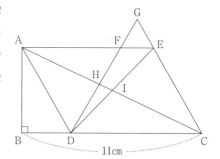

　① ∠ADB の大きさは ア イ 度である。

　② △DHI の面積は $\dfrac{\boxed{\text{ウ}}\sqrt{\boxed{\text{エ}}}}{\boxed{\text{オ}}}$ cm² である。

4　右の図の四角形 ABCD は，面積が $14\sqrt{3}$ cm² の平行四辺形
　です。このとき，次の問いに答えなさい。

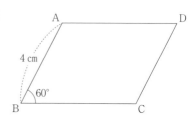

　① BC の長さは ア cm である。

　② BD の長さは $\sqrt{\boxed{\text{イウ}}}$ cm である。

5 平行四辺形 ABCD で，△ABE の面積が 32cm² となるように辺 BC 上に点 E をとります。また対角線 AC と線分 DE の交点 F をとると，△FDA の面積が 36cm² になりました。このとき，

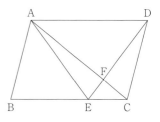

① △FEC の面積は 　ア　 cm² である。

② BE：EC を最も簡単な整数の比で表すと 　イ　 ： 　ウ　 である。

6 右図のように，1 辺が 6 cm の正方形 ABCD がある。辺 CD の中点を E とし，線分 AE に関して D と対称な点を F とするとき，

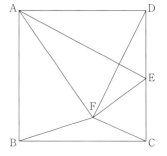

① △AFD と△BFC の面積の和は 　アイ　 cm² である。

② △BFC の面積は $\dfrac{ウエ}{オ}$ cm² である。

7 図のように，AB = 1 cm，BC = 2 cm の長方形 ABCD がある。対角線 AC を対称の軸として，点 B を対称移動させた点を E，線分 CE と AD の交点を F とする。このとき，

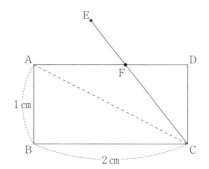

① 3 点 A，C，E を通る円の面積は $\dfrac{ア}{イ}$ πcm² である。

② 線分 DF の長さは $\dfrac{ウ}{エ}$ cm である。

8 図のように，AC = 16cm，BC = 12cm，∠C = 90° の直角三角形 ABC があります。辺 AB の中点 P から辺 BC に平行な直線をひき，辺 AC との交点を Q とします。また，頂点 C から辺 AB に垂線 CR をひくとき

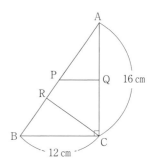

① PR の長さは $\dfrac{アイ}{ウ}$ cm である。

② 4 点 P，R，C，Q を通る円の円周の長さは 　エオ　 πcm である。

⑨ 図のように，AD ∥ BC である台形 ABCD がある。辺 AB 上に点 E を
とり，∠DAE = ∠CED = 90°，∠BCE = 45° とする。

また，直線 CB と直線 DE の交点を F とし，AD = 3，BC = 9 とする
とき，

① △CDF の面積は $\boxed{アイウ}$ である。

② 3 点 C，D，E を通る円の面積は $\boxed{エオ}\,\pi\mathrm{cm}^2$ である。

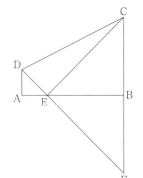

⑩ 右の図のように，一辺の長さが 12cm の正方形 OABC があります。点
D，E は辺 OA 上の点，点 F，G は辺 BC 上の点，点 H，I はそれぞれ DG
と EF，DG と AF の交点で，OD = DE = EA，CF = $\frac{1}{2}$FG = GB の
関係があるとき，

① HI の長さは $\dfrac{\boxed{アイ}}{\boxed{ウエ}}$ cm である。

② 四角形 HEAI の面積は $\dfrac{\boxed{オカキ}}{\boxed{クケ}}$ cm² である。

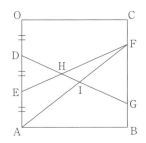

⑪ 1 辺の長さが 3cm の正方形 ABCD があります。AB を 3 等分し，B
に近い点を P とします。CD を 3 等分した点を，C に近い方から順に
Q，R とします。

また DA を 3 等分した点を，D に近い方から順に S，T とします。直
線 PR と直線 QT との交点を U とし，直線 SU と直線 BC との交点を
V とするとき，

① 線分 BV の長さは $\dfrac{\boxed{アイ}}{\boxed{ウ}}$ cm である。

② 四角形 PBVU の面積は $\dfrac{\boxed{エオ}}{\boxed{カ}}$ cm² である。

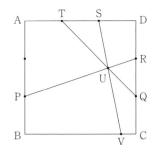

⑫ 1 辺の長さが 12 である正方形 ABCD において，右の図のように，
辺 AB を 2：3：1 に分ける点を A に近い方から E，F，辺 DC を 3 等
分する点を D に近い方から G，H，線分 EH，EC と線分 FG の交点
をそれぞれ I，J とするとき，

① IJ の長さは $\dfrac{\boxed{アイ}\sqrt{\boxed{ウ}}}{\boxed{エオ}}$ である。

② 四角形 IJCH の面積は $\dfrac{\boxed{カキク}}{\boxed{ケコ}}$ である。

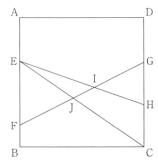

実践問題

1 右の図で，四角形 ABCD は，AB = 8 cm，BC = 13cm の平行四辺形である。点 E は辺 AB 上の点であり，∠BEC = 90°である。点 F は辺 BC 上の点であり，AB = BF である。また，平行四辺形 ABCD の面積は 96cm² である。各問いに答えよ。　　　（奈良県）

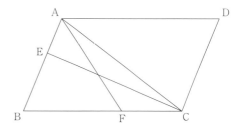

(1) △ABC ≡ △CDA を証明せよ。

(2) 線分 AE の長さを求めよ。

(3) 対角線 AC と線分 DF との交点を G とする。このとき，△AFG の面積を求めよ。

2 図のように，AB = 6 cm，AD = 8 cm，∠ABC が鋭角の平行四辺形 ABCD がある。辺 AD 上に点 E をとり，点 E を通り BD に平行な直線と AB の交点を F，BD と CE の交点を G とする。　　　（長野県）

図1
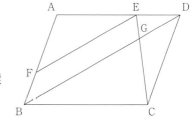

(1) ∠ABD と大きさの等しい角を，次のア〜エからすべて選び，記号を書きなさい。

　ア　∠ADC　　イ　∠AEF　　ウ　∠AFE　　エ　∠BDC

(2)  を証明しなさい。

(3) 図2は，図1の図形で，△CDE が正三角形となるように，∠ABC の大きさと点 E の位置をかえ，点 A と C を結び，AC と BD の交点を H としたものとする。

図2
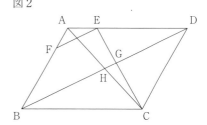

　① BD の長さを求めなさい。

　② △CGH の面積を求めなさい。

3 図1のような正方形 ABCD があり，その内部に点 P をとる。S さんは，図2のように，点 P と，4つの頂点 A，B，C，D をそれぞれ結ぶ線分をひいてできる△PAB，△PCD の面積について，次のように予想した。

図1
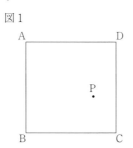

図2
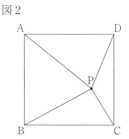

Sさんの予想

$\triangle$PAB の面積と $\triangle$PCD の面積の和は，正方形 ABCD の面積の $\dfrac{1}{2}$ である。

次の(1), (2)に答えなさい。 (山口県)

(1) 図3のように，点Pを通り，辺 AD に平行な直線と，2辺 AB，CD の交点をそれぞれ E，F とする。

図3を用いて，Sさんの予想が正しいことを説明しなさい。

図3

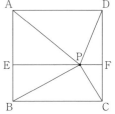

(2) Sさんは，図1をもとに次の【問題】をつくった。

【問題】

右の図のように，正方形 ABCD の内部に点Pをとり，4辺 AB，BC，CD，DA の中点をそれぞれ G，H，I，J とする。点Pと，5つの点 A，G，H，I，J をそれぞれ結ぶ線分をひく。

$\triangle$PJA の面積が 31cm^2，$\triangle$PAG の面積が 34cm^2，四角形 PHCI の面積が 25cm^2 のとき，正方形 ABCD の1辺の長さ，四角形 PIDJ の面積を求めよう。

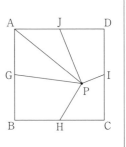

【問題】を解き，正方形 ABCD の1辺の長さ，四角形 PIDJ の面積を答えなさい。

$\boxed{4}$ 右の図のように，1辺の長さが 6cm の正方形 ABCD がある。線分 AP，QC，CR，SA の長さがすべて等しくなるように辺 AB 上に点P，辺 BC 上に点Q，辺 CD 上に点R，辺 DA 上に点Sをとり，点Pと点Q，点Sと点Rをそれぞれ結ぶ。このとき，次の(1)～(3)の問いに答えなさい。

(高知県)

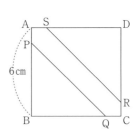

(1) 三角形 PBQ の面積が 8cm^2 のとき，線分 PQ の長さを求めよ。

(2) AP $= \sqrt{5}$ cm のとき，六角形 APQCRS の面積を求めよ。

(3) 六角形 APQCRS の面積が，三角形 PBQ の面積の $\dfrac{2}{5}$ 倍であるとき，線分 AP の長さを求めよ。

(3) 円・おうぎ形

正答率 ① 48.5 ％ ② 8.0 ％ KeyPoint 面積比を求める三角形を連関させる。

1 図で，C は AB を直径とする半円 O の周上の点，D，E，F は
それぞれ線分 CA，AB，CB 上の点で，四角形 CDEF は長方形
である。CA ＝ 6 cm，CB ＝ 8 cm，CD：DE ＝ 3：2 のとき，次
の①，②の問いに答えなさい。

① 線分 FE の長さは何 cm か，求めなさい。

② △FEO の面積は△ABC の面積の何倍か，求めなさい。

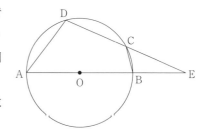

正答率 ① 20.0 ％ ② 3.5 ％ KeyPoint 円の中心と結んだ補助線を引く。

2 図で，C，D は線分 AB を直径とする円 O の周上の点で
あり，E は直線 AB と DC との交点で，DC ＝ CE，AO ＝
BE である。円 O の半径が 4 cm のとき，次の①，②の問
いに答えなさい。

① △CBE の面積は，四角形 ABCD の面積の何倍か，求
めなさい。

② 線分 AD の長さは何 cm か，求めなさい。

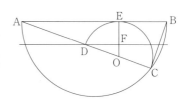

次の文章中の アイ などに入る数字をそれぞれ答えなさい。

1 右の図のように，点 C は線分 AB を直径とする半円上にあり，
点 D は弦 AC 上の点で，線分 CD を直径とする半円は，点 E で
線分 AB に接しています。また，点 O を線分 CD の中点とし，点
D を通り線分 AB に平行な直線と線分 OE の交点を F とします。
AB ＝ 15cm，BC ＝ 5 cm とするとき，

① 線分 OC の長さは $\dfrac{\boxed{ア}\sqrt{\boxed{イ}}}{\boxed{ウ}}$ cm である。

② △ODF の面積は $\dfrac{\boxed{エオ}\sqrt{\boxed{カ}}}{\boxed{キク}}$ cm^2 である。

2 右の図のように AC を直径とする円 O の周上に，∠BAC ＝ 45°とな
るように点 B を，∠DAC ＝ 30°となるように点 D をそれぞれとりま
す。また，点 E を $\overset{\frown}{DE} = \overset{\frown}{EC}$ となるようにとります。BE と CD，AC の
交点をそれぞれ F，G とし，円 O の直径を 6 cm とするとき，

① FG の長さは（$\boxed{ア}$ － $\sqrt{\boxed{イ}}$）cm である。

② △BCF の面積は $\dfrac{\boxed{ウ}\sqrt{\boxed{エ}}}{\boxed{オ}}$ cm^2 である。

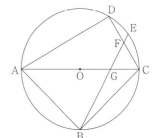

③ 図のように，O を中心とする半径 $5a$ cm の円に内接する△ABC が
あります。AB = 15cm，AC = 14cm，BC = $8a$ cm です。
また，△BCD において BD はこの円の直径です。

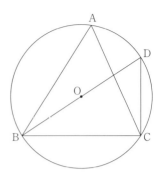

① B から AC に垂線 BH を引くとき，BH の長さは <u>　アイ　</u> cm で
ある。

② BC の長さは <u>　ウエ　</u> cm である。

④ 右の図のようにある円周上に，4 点 A，B，C，D がこ
の順に並んでおり，AB = $\dfrac{42}{5}$ cm，AD = CD である。AD
と BC の延長線が交わった点を E とすると，CE = 10cm，
DE = 8cm である。このとき，次の問いに答えよ。

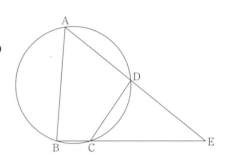

① CD の長さは <u>　ア　</u> cm である。

② 円の直径は <u>　イ　</u> $\sqrt{}$ <u>　ウ　</u> cm である。

実践問題

① 右の図のように，円 O の周上に 4 点 A，B，C，D がこの順にあり，AB =
AD = 2cm，AC = BC，∠ABD = 30°である。線分 AC と線分 BD との
交点を E とする。

このとき，次の問い(1)〜(3)に答えよ。 （京都府）

(1) ∠ACD の大きさを求めよ。

(2) 点 A から線分 BD に垂線をひき，線分 BD との交点を F とするとき，
線分 AF の長さを求めよ。また，線分 BD の長さを求めよ。

(3) △AED の面積を求めよ。

② 右の図のように，長さが 8cm の線分 AB を直径とする半円があ
り，点 O は線分 AB の中点である。

$\overset{\frown}{AB}$上に$\overset{\frown}{AC}$=$\overset{\frown}{BC}$となる点 C，$\overset{\frown}{BC}$上に CD = OD となる点 D を
それぞれとる。また，線分 AB 上に CA ∥ DE となる点 E をとる。

このとき，次の問いに答えなさい。 （富山県）

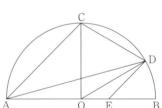

(1) ∠ADC の大きさを求めなさい。

(2) 線分 AD の長さを求めなさい。

(3) 四角形 AEDC の面積を求めなさい。

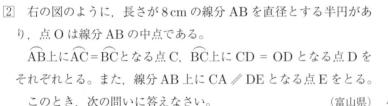

§3. 空間図形の計量

(1) 立方体・直方体

出題例

正答率 ① 35.5 %　② 2.5 %　KeyPoint　求められる回転体から考える。

1 図で，立体 ABCDEFGH は立方体である。I は線分 BG 上の点で，BI : IG = 1 : 2 である。

AB = 3 cm のとき，次の①，②の問いに答えなさい。ただし，円周率は π とする。

① 線分 AI の長さは何 cm か，求めなさい。

② △ABI を，直線 AG を回転の軸として 1 回転させてできる立体の体積は何 cm³ か，求めなさい。

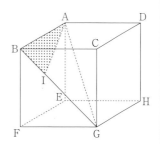

正答率 ① 44.0 %　② 26.0 %　KeyPoint　底面をどこにすべきか考える。

2 図で，立体 ABCDEFGH は立方体，I は辺 AB 上の点で，AI : IB = 2 : 1 であり，J は辺 CG の中点である。

AB = 6 cm のとき，次の①，②の問いに答えなさい。

① 線分 IJ の長さは何 cm か，求めなさい。

② 立体 JIBFE の体積は何 cm³ か，求めなさい。

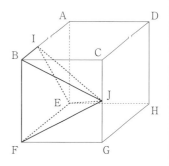

類題

次の文章中の　アイ　などに入る数字をそれぞれ答えなさい。

1 図のように，底面が 1 辺 9 cm の正方形で，高さが 12 cm の直方体がある。長方形 BFGC の対角線 CF 上に，CP = PQ = QF となるように 2 点 P，Q をとる。このとき，

① DP の長さは √アイウ cm である。

② 四角形 DEQP を，直線 DE を軸として 1 回転させてできる立体の表面積は（エオ √カキク ＋ ケコ）π cm² である。

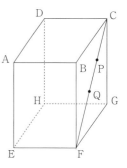

2 図のように，1辺の長さが3cmの立方体がある。正方形AEFBの対角線AF上にAP = PQ = QFとなるように，2点P，Qをとる。このとき，

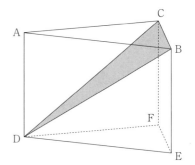

① 4点A，D，E，Pを結んでできる三角錐の体積は $\dfrac{\boxed{}}{\boxed{}}$ cm³ である。

② 四角形PQGDを，直線PQを軸として1回転させてできる回転体の体積は $\boxed{}\sqrt{\boxed{}}\,\pi$ cm³ である。

3 右の図のようにAB = AC = 4，BC = 2，BE = 3の三角柱ABC—DEFがある。このとき，

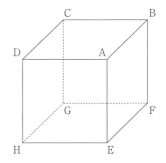

① △DBCの面積は $\boxed{}\sqrt{\boxed{}}$ cm² である。

② 平面BCDによって分けられた2つの立体（三角錐D—ABCと四角錐D—BCFE）の体積比を最も簡単な整数で表すと $\boxed{}$: $\boxed{}$ である。

4 図のような1辺の長さが6cmの立方体ABCD—EFGHがある。線分BEの中点をM，線分DE上で，DN：NE = 1：2となる点をNとするとき，

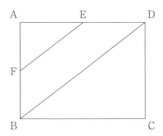

① △EMNの面積は $\boxed{}\sqrt{\boxed{}}$ cm² である。

② 四角錐A—MBDNの体積は $\boxed{}$ cm³ である。

実践問題

1 図のように，AB = 6cm，AD = 8cmの長方形ABCDがある。辺ADの中点をE，点Eを通りBDに平行な直線とABの交点をFとする。 （長野県）

(1) EFの長さを求めなさい。

(2) 四角形BDEFを，直線DEを回転の軸として1回転させてできる立体の体積を求めなさい。

2 図1の立体は，AB = 6 cm，AD = 2 cm，AE = 4 cm の直方体である。
このとき，次の(1)〜(3)の問いに答えなさい。　　　　　　　　（静岡県）

(1) 辺 AB とねじれの位置にあり，面 ABCD と平行である辺はどれか。
すべて答えなさい。

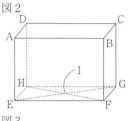

図1

(2) この直方体において，図2のように，面 EFGH の対角線 EG，HF
の交点を I とする。△DHI を，辺 DH を軸として1回転させてできる
円すいの母線の長さを求めなさい。

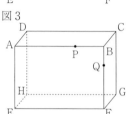

図2

(3) この直方体において，図3のように，辺 AB，BF 上の点をそれぞれ
P，Q とする。DP + PQ + QG が最小となるときの，三角すい BPQC
の体積を求めなさい。

図3

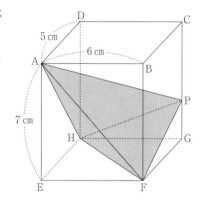

3 右の図は，AB = 6 cm，AD = 5 cm，AE = 7 cm の直方体
ABCD—EFGH です。
このとき，次の(1)，(2)の問いに答えなさい。　　　（岩手県）

(1) 線分 AF の長さを求めなさい。

(2) 辺 CG 上に，PG = 2 cm となるような点 P をとったとき，
四面体 AHFP の体積を求めなさい。

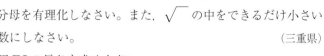

4 右の図のように，点 A，B，C，D，E，F，G，H を頂点とし，
1辺の長さが 6 cm の立方体がある。辺 BF の中点を I，辺 DH の
中点を J とし，4点 A，E，I，J を結んで三角すい P をつくる。
このとき，次の各問いに答えなさい。

なお，各問いにおいて，答えの分母に $\sqrt{}$ がふくまれるとき
は，分母を有理化しなさい。また，$\sqrt{}$ の中をできるだけ小さい
自然数にしなさい。　　　　　　　　　　　　　　　（三重県）

① 辺 EJ の長さを求めなさい。

② △EIJ の面積を求めなさい。

③ 面 EIJ を底面としたときの三角すい P の高さを求めなさい。

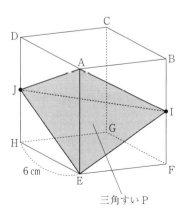

三角すい P

(2) 角すい・円すい

出 題 例

正答率 ①53.0 ％ ②1.0 ％ KeyPoint 点と平面の距離は体積，断面図から考える。

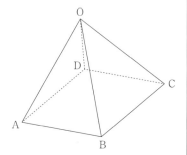

① 図で，立体 OABCD は，正方形 ABCD を底面とする正四角すいである。OA = 9 cm，AB = 6 cm のとき，次の①，②の問いに答えなさい。
① 正四角すい OABCD の体積は何 cm³ か，求めなさい。
② 頂点 A と平面 OBC との距離は何 cm か，求めなさい。

正答率 ①13.0 ％ ②5.5 ％ KeyPoint 底面比が体積比となるような底面を考える。

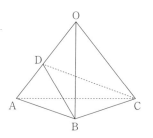

② 図で，立体 OABC は△ABC を底面とする正三角すいであり，D は辺 OA 上の点で，△DBC は正三角形である。OA = OB = OC = 6 cm，AB = 4 cm のとき，次の①，②の問いに答えなさい。
① 線分 DA の長さは何 cm か，求めなさい。
② 立体 ODBC の体積は正三角すい OABC の体積の何倍か，求めなさい。

正答率 ①6.5 ％ ②5.0 ％ KeyPoint 最短距離は展開図で考える。

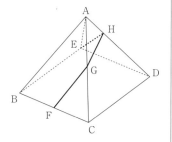

③ 図で，立体 ABCDE は辺の長さが全て等しい正四角すいで，AB = 4 cm である。F は辺 BC の中点であり，G，H はそれぞれ辺 AC，AD 上を動く点である。3 つの線分 EH，HG，GF の長さの和が最も小さくなるとき，次の①，②の問いに答えなさい。
① 線分 AG の長さは何 cm か，求めなさい。
② 3 つの線分 EH，HG，GF の長さの和は何 cm か，求めなさい。

類 題
次の文章中の アイ などに入る数字をそれぞれ答えなさい。

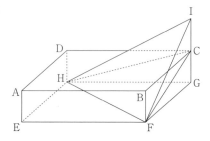

① 右の図のような，AB = 4，AD = 2，AE = 1 の直方体 ABCD—EFGH があります。GC を延長した直線上に GC = CI となる点 I をとり，四面体 IHFC について，
① △IHF の面積は ア_ である。
② 点 C と平面 IHF との距離（きょり）は $\dfrac{イ}{ウ}$ である。

② 右の図のような四面体 OABC がある。△OAB, △ABC はともに 1 辺の長さが 4 の正三角形で, OC = $2\sqrt{3}$ であるとする。AB の中点を M とするとき,

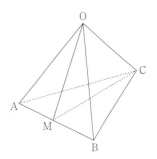

① 四面体 OABC の体積は $\boxed{ア}\sqrt{\boxed{イ}}$ である。

② A から △OBC に下ろした垂線の長さは $\dfrac{\boxed{ウエ}\sqrt{\boxed{オカ}}}{\boxed{キク}}$ である。

③ 1 辺 6 cm の正四面体 OABC がある。辺 OC の中点を D とし, 辺 OB 上に点 P を AP + PD が最小となるようにとる。このとき,

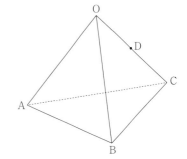

① 正四面体 OABC の体積は $\boxed{アイ}\sqrt{\boxed{ウ}}$ cm^3 である。

② 三角すい OAPD の体積は $\boxed{エ}\sqrt{\boxed{オ}}$ cm^3 である。

④ 右の図のように, 一辺の長さが 12 cm の正四面体 ABCD がある。辺 AB, AC, AD 上にそれぞれ, 点 P, Q, R を AP : PB = 1 : 1, AQ : QC = 2 : 1, AR : RD = 3 : 1 となるようにとるとき, 次の問いに答えなさい。

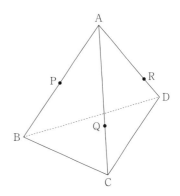

① △APQ の面積は $\boxed{アイ}\sqrt{\boxed{ウ}}$ cm^2 である。

② 四面体 APQR の体積は四面体 ABCD の体積の $\dfrac{\boxed{エ}}{\boxed{オ}}$ 倍である。

⑤ 右図のような, AB = BC = CA = 4, AD = BD = CD = 8 の三角錐がある。このとき,

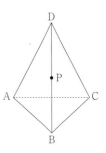

① 辺 BD 上に点 P を AP + PC が最小となるようにとる。このときの, AP + PC の値は $\boxed{ア}\sqrt{\boxed{イウ}}$ である。

② ①で定めた P について, 三角錐 DAPC と三角錐 BAPC の体積比を, 最も簡単な整数比で表すと $\boxed{エ} : \boxed{オ}$ である。

6　1辺の長さが4である正四面体 ABCD があり，辺 AD の中点を
M とする。辺 BC，CD 上にそれぞれ点 P，Q を AP + PQ + QM
の値が最小となるようにとる。このとき，

① 　AP + PQ + QM の値は $\boxed{\text{ア}}\sqrt{\boxed{\text{イウ}}}$ である。

② 　四面体 MPCQ の体積は，正四面体 ABCD の体積の $\dfrac{\boxed{\text{エ}}}{\boxed{\text{オカ}}}$

倍である。

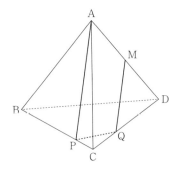

実践問題

1　右の図のような，1辺の長さが $2\sqrt{3}$ cm の正三角形 ABC を
底面とし，他の辺の長さが 4 cm の正三角錐がある。

辺 BC の中点を M とし，辺 OC 上に線分 AN と線分 NB の長
さの和が最も小さくなるように点 N をとる。

このとき，次の(1)～(3)の問いに答えなさい。　　　　（福島県）

(1)　線分 OM の長さを求めなさい。

(2)　線分 ON と線分 NC の長さの比を求めなさい。

(3)　面 OAB と点 N との距離を求めなさい。

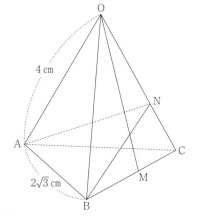

2　右の図のように，三角柱 ABC—DEF があり，AC = BC =
$6\sqrt{2}$ cm，AD = 6 cm，∠ACB = 90° である。辺 AB 上に点 G を，
AG : GB = 3 : 1 となるようにとる。

このとき，次の問い(1)～(3)に答えよ。　　　　（京都府）

(1)　三角錐 ABCE の体積を求めよ。

(2)　線分 EG の長さを求めよ。また，△CEG の面積を求めよ。

(3)　3 点 C，E，G を通る平面を P とするとき，点 A と平面 P と
の距離を求めよ。

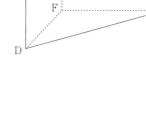

3　右の図のように，三角錐 A—BCD がある。点 P，Q はそれぞれ辺 BC，
BD の中点である。点 R は辺 AB 上にあり，AR : RB = 1 : 4 である。こ
のとき，三角錐 A—BCD の体積は，三角錐 R—BPQ の体積の何倍か，求
めなさい。

（秋田県）

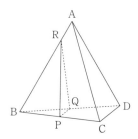

④ 右の図のように，AB＝6cm，∠BAC＝90°の直角二等辺三角形ABC
を底面とする三角すいOABCがあり，辺OAは底面ABCに垂直で，
OA＝6cmである。2点D，Eはそれぞれ辺OB，OC上にあって，OD：
DB＝OE：EC＝2：1である。また，辺OA上に点Pをとる。
このとき，次の各問いに答えなさい。　　　　　　　　　　（熊本県）

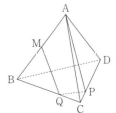

(1) AP＝2cmのとき，

① 線分PDの長さを求めなさい。

② 三角すいOPDEの体積を求めなさい。

(2) 三角すいOPDEの体積が三角すいOABCの体積の $\dfrac{1}{3}$ となるとき，

① 線分APの長さを求めなさい。

② 点Pと△ODEを含む平面との距離を求めなさい。ただし，根号がつくときは，根号のつい
たままで答えること。

⑤ 右の図のような，1辺の長さが5cmの正四面体ABCDがあり，辺AB の
中点をMとする。また，2点P，Qをそれぞれ辺CD，BC上に，3つの線
分AP，PQ，QMの長さの和AP＋PQ＋QMが最短となるようにとる。
このとき，次の問い(1)～(3)に答えよ。　　　　　　　　　　（京都府）

(1) 正四面体の展開図として適当でないものを，次の(ア)～(ウ)から1つ選べ。

(ア)

(イ)

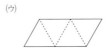
(ウ)

(2) AP＋PQ＋QMを求めよ。

(3) 正四面体ABCDと四面体MQCPの体積の比を最も簡単な整数の比で表せ。

⑥ 右の図は，辺の長さがすべて6cmの正四角すいABCDEを表して
いる。点F，G，H，Iは，それぞれ辺AB，AC，AD，AE上にあり，
AF＝AG＝AH＝AI＝4cmである。次の(1)～(3)の □ の中に
あてはまる最も簡単な数を記入せよ。ただし，根号を使う場合は $\sqrt{}$
の中を最も小さい整数にすること。　　　　　　　　　　（福岡県）

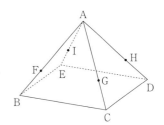

(1) 図に示す立体において，四角すいAFGHIの体積は，正四角すい
ABCDEの体積の □倍 である。

(2) 図に示す立体において，△CFHの面積は □ cm² である。

(3) 図に示す立体において，線分BFの中点をPとし，辺DE上に点SをDS＝ $\sqrt{3}$ cmとなるよ
うにとる。辺AC上に点Q，辺CD上に点Rを，PQ＋QR＋RSの長さが最も短くなるように
とる。

このとき，PQ＋QR＋RSの長さは □ cm である。

(3) 平面から立体

出 題 例

正答率 ① 33.5 %　② 2.5 %　KeyPoint　どの長さが高さになるか考える。

① 図で，△ABC は正三角形であり，D は辺 BC 上の点で，BD：DC ＝ 1：2 である。

AB ＝ 6 cm のとき，次の①，②の問いに答えなさい。

① 線分 AD の長さは何 cm か，求めなさい。

② 線分 AD を折り目として平面 ABD と平面 ADC が垂直となるように折り曲げたとき，点 A，B，C，D を頂点としてできる立体の体積は何 cm^3 か，求めなさい。

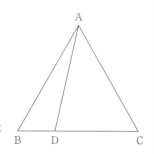

正答率 ① 24.0 %　② 10.5 %　KeyPoint　求めやすい回転体に分解，合成する。

② 図で，D は△ABC の辺 BC 上の点で，BD：DC ＝ 3：2，AD ⊥ BC であり，E は線分 AD 上の点である。

△ABE の面積が△ABC の面積の $\dfrac{9}{35}$ 倍であるとき，次の①，②の問いに答えなさい。

① 線分 AE の長さは線分 AD の長さの何倍か，求めなさい。

② △ABE を，線分 AD を回転の軸として 1 回転させてできる立体の体積は，△ADC を，線分 AD を回転の軸として 1 回転させてできる立体の体積の何倍か，求めなさい。

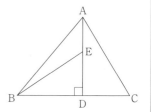

正答率 ① 57.0 %　② 5.5 %　KeyPoint　相似比と体積比の関係を利用する。

③ 図は，ある立体の展開図である。弧 AB，DC はともに点 O を中心とする円周の一部で，直線 DA，CB は点 O を通っている。また，円 P，Q はそれぞれ弧 AB，DC に接している。

DA ＝ CB ＝ 3 cm，弧 AB，DC の長さがそれぞれ 6π cm，4π cm のとき，次の①，②の問いに答えなさい。

① 円 P の面積と円 Q の面積の和は何 cm^2 か，求めなさい。

② 展開図を組み立ててできる立体の体積は何 cm^3 か，求めなさい。

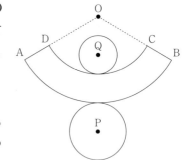

類　題　次の文章中の　アイ　などに入る数字をそれぞれ答えなさい。

1　右の図のように BC = 12，AC = 24，∠ACB = 90° の直角三角形があります。AB の中点を D，AC の中点を E，CE の中点を F とします。今，DE，DF，BF を折り目として四面体を作るとき，

① △BDF の面積は　アイ　である。

② 四面体の体積は　ウエ　である。

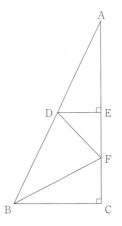

2　右の図のような AB = 8 cm，BC = 6 cm の長方形の紙 ABCD がある。対角線 BD の中点 M を通り BD に垂直な直線と，辺 AB，辺 CD との交点をそれぞれ E，F とする。

　この紙を直線 EF を折り目として平面 AEFD が平面 EBCF に垂直になるまで折り曲げ，このときの 4 点 D，M，C，F を頂点とする四面体を考える。

① この四面体の体積は　$\dfrac{アイ}{ウ}$　cm³ である。

② この四面体の辺 DC の長さは　エ　√　オ　cm である。

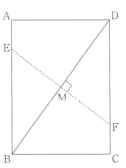

3　右図のように，AD と BC が平行である台形 ABCD がある。∠B = 60°，∠C = ∠D = 90°，AD = 20cm，BC = 26cm であるとき，次の問いに答えなさい。（ただし，円周率は π とする。）

① 辺 BC を軸にして 1 回転してできる立体①の体積は　アイウエ　πcm³ である。

② 立体①の体積と辺 AD を軸にして 1 回転してできる立体②の体積の比をできるだけ簡単な整数で表すと　オカ　：　キク　である。

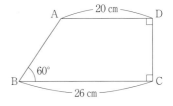

④ 図のように，AB = 6 cm，BC = 3 cm，∠B = 90° の直角三角形 ABC があ
る。辺 AB 上の点 P から，辺 BC に平行な直線をひき，辺 AC との交点を Q
とする。

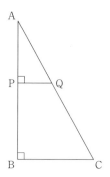

AP = 4 cm のとき，直線 AB を軸として，四角形 PBCQ を 1 回転させてで
きる立体について，

① この立体の体積は $\dfrac{\boxed{アイ}}{\boxed{ウ}}\ \pi\,cm^3$ である。

② この立体の表面積は $\left(\boxed{エオ} + \boxed{カ}\ \sqrt{\boxed{キ}}\ \right)\pi\,cm^2$ である。

⑤ 図 1 のような底面の半径が 3 cm の円すいがある。この円すいを図 2 のように展開したところ，側
面のおうぎ形の中心角が 120° であった。このとき，

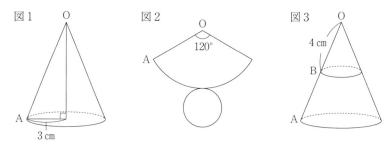

① 図 1 の円すいの高さは $\boxed{ア}\ \sqrt{\boxed{イ}}\ cm$ である。

② 図 3 のように，図 1 の円すいの母線 OA 上に点 B を OB = 4 cm となるようにとる。この円すい
を，点 B を通り底面に平行な平面で切断し，点 O を含む方の立体をア，点 A を含む方の立体をイ
とするとき，立体アの表面積と，立体イの表面積の比を，最も簡単な整数の比で表すと $\boxed{ウエ}$:
$\boxed{オカ}$ である。

⑥ 右の図のように，正方形の画用紙から半径が 8 cm，
中心角が 90° のおうぎ形 ABC と円 O を切り取って，
円すいを作ることにした。ただし，円 O は正方形の 2
辺に接している。画用紙の厚みやのりしろは考えない
ものとする。このとき，次の問いに答えよ。

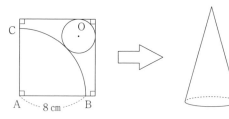

① 円 O の半径は $\boxed{ア}\ cm$ である。

② 画用紙の 1 辺の長さは $\left(\boxed{イ}\ \sqrt{\boxed{ウ}} + \boxed{エ}\ \right)cm$ である。

実践問題

1　右の図のように，∠ACB ＝ 90°，BC ＝ 4 cm の直角三角形 ABC があり，
　辺 AB 上に点 D をとると，△DBC が正三角形となった。
　　このとき，(1)〜(4)の各問いに答えなさい。　　　　　　　　　　（佐賀県）

(1)　AD の長さを求めなさい。

(2)　△ADC の面積を求めなさい。

(3)　△ADC を，辺 DC を軸として 1 回転させてできる立体の体積を求めな
　　さい。

(4)　△ABC を，辺 DC を折り目として折り曲げて，A を頂点とする三角すい
　　ABCD を考える。三角すい ABCD の体積が最も大きくなるとき，その体積を求めなさい。

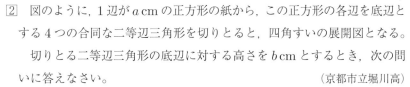

2　図のように，1 辺が a cm の正方形の紙から，この正方形の各辺を底辺と
　する 4 つの合同な二等辺三角形を切りとると，四角すいの展開図となる。
　　切りとる二等辺三角形の底辺に対する高さを b cm とするとき，次の問
　いに答えなさい。　　　　　　　　　　　　　（京都市立堀川高）

(1)　展開図を組み立ててできる四角すいの表面積を a，b を用いて表しな
　　さい。

(2)　a ＝ 12，四角すいの表面積が 72cm^2 になるとき，b の値を求めな
　　さい。

(3)　(2)のとき，展開図を組み立ててできる四角すいの体積を求めなさい。

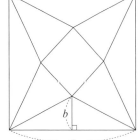

3　右の図のように，AB ＝ 10cm，BC ＝ 8 cm の直角三角形 ABC
　において，辺 AB，辺 BC の中点をそれぞれ M，N とし，点 M
　と点 N を結ぶ。このとき，次の(1)・(2)の問いに答えなさい。

　　　　　　　　　　　　　　　　　　　　　　　　　　（高知県）

(1)　線分 MN の長さを求めなさい。

(2)　四角形 AMNC を，線分 MN を軸として 1 回転させてできる
　　立体の体積を求めなさい。ただし，円周率は π を用いること。

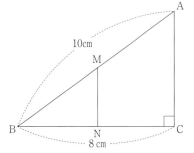

4 右の図のように，直径 AB ＝ 6 cm である半円 O がある。点 P は $\overparen{AB}$ 上を点 A から点 B まで一定の速さで 6 秒かけて動く。また，線分 AP の中点を M とする。

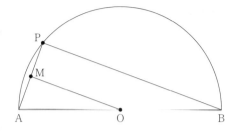

このとき，次の(1)，(2)の問いに答えなさい。ただし，円周率は π とする。　　　　　　　　　　　　　（茨城県）

(1) 点 P が点 A を出発してから 2 秒後の線分 OM の長さを求めなさい。

(2) 三角形 ABP を線分 AB を軸として 1 回転させてできる立体の体積が最大になるとき，その立体の体積を求めなさい。

5 紙でふたのない容器をつくるとき，次の問いに答えなさい。ただし，紙の厚さは考えないものとする。

図 1 のような紙コップを参考に，容器をつくります。紙コップをひらいたら，図 2 のような展開図になります。図 2 において，側面にあたる辺 AB と辺 A′B′ をそれぞれ延ばし，交わった点を O とすると，弧 BB′，線分 OB，線分 OB′ で囲まれる図形が中心角 45° のおうぎ形になります。このとき，弧 AA′ の長さを求めなさい。　　　　　　　　　　　　　（滋賀県）

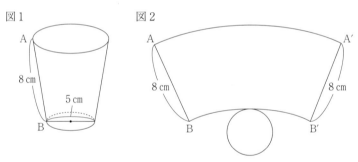

図 1　　　　図 2

6 右の図のように，縦 12cm の長方形の紙に半径 12cm，中心角 90° のおうぎ形がかかれている。このおうぎ形を側面とする円錐の展開図を完成させるために，底面の円をかき加える。

このとき，次の問いに答えよ。　　　　　　　（福井県）

(1) 底面の半径を求めよ。

(2) 長方形の横の長さを最も短くするために，底面をかき加える位置を工夫して，展開図を完成させた。このときの横の長さを求めよ。

（4） 球

出 題 例

正答率 ① 58.0 ％ ② 9.5 ％ **KeyPoint** 断面図を利用して考える。

1 図で，A，B，C，D，E，F を頂点とする立体は底面の△ABC，
△DEF が正三角形の正三角柱である。また，球 O は正三角柱
ABCDEF にちょうどはいっている。

　球 O の半径が 2 cm のとき，次の①，②の問いに答えなさい。
ただし，円周率は π とする。

① 球 O の表面積は何 cm^2 か，求めなさい。

② 正三角柱 ABCDEF の体積は何 cm^3 か，求めなさい。

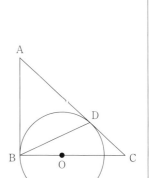

正答率 ① 13.5 ％ ② 2.5 ％ **KeyPoint** 求めやすい回転体に分解する。

2 図で，円 O は中心が△ABC の辺 BC 上にあり，直線 AB，AC と
それぞれ点 B，D で接している。

　AB = 2 cm，AC = 3 cm のとき，次の①，②の問いに答えなさい。

① 円 O の面積は何 cm^2 か，求めなさい。

② △DBC を辺 BC を回転の軸として 1 回転させてできる立体の体
積は，円 O を辺 BC を回転の軸として 1 回転させてできる立体の
体積の何倍か，求めなさい。

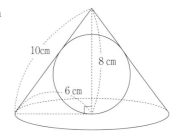

類 題 　次の文章中の アイ などに入る数字をそれぞれ答えなさい。

1 右の図のように，底面の半径が 6 cm，高さが 8 cm，母線が 10cm
の円錐があり，円錐の底面と母線に接した球がある。

　このとき，

① この円錐の体積は アイ π cm^3 である。

② この球の半径は ウ cm である。

② 右の図のように，1 辺が 6 cm の正四面体 ABCD があり，辺 CD の中点を M とします。この正四面体の 4 つの面に接する球があるとき，

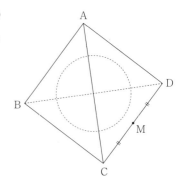

① △BCD を底面とするとき，この正四面体の高さは $\boxed{}\sqrt{\boxed{}}$ cm である。

② この球の半径は $\dfrac{\sqrt{\boxed{}}}{\boxed{}}$ cm である。

③ 右の図において，点 Q は，点 O を中心とする半径 $2\sqrt{3}$ cm の円と，点 P を中心とする半径 2 cm の円の交点で，OQ ⊥ PQ です。また，点 R，S，T は 2 つの円の中心を通る直線とそれぞれの円との交点です。このとき，

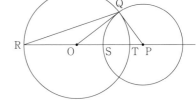

① OP を軸として，△OPQ を一周まわしてできる立体の体積は $\boxed{}\,\pi\,\mathrm{cm}^3$ である。

② RO を軸として，△QRO を一周まわしてできる立体は $\boxed{}\sqrt{\boxed{}}\,\pi\,\mathrm{cm}^3$ である。

④ 中心が O である半径 3 の円 O と，中心が O′ である半径 5 の円 O′ が図のように接している。2 点 O，O′ を通る直線を ℓ とし，2 円にともに接する直線を m とする。直線 ℓ と直線 m の交点を A，直線 m と円 O，O′ との接点をそれぞれ B，C とする。次の問いに答えなさい。

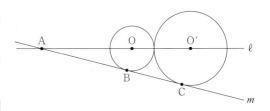

① △ABO の面積と△ACO′ の面積は $\boxed{}:\boxed{}$ である。

② △AOB，△AO′C をそれぞれ直線 m の周りに 1 回転させてできる立体の体積をそれぞれ V，V′ とするとき，V : V′ は $\boxed{}:\boxed{}$ である。

実践問題

① 右の図のように，底面の直径が12cm，高さが12cmの円柱と，この円柱の中にぴったり入った球があり，球の中心をOとし，円柱の1つの底面の円の中心をMとする。球の表面上に点Aを，∠AOM = 120°となるようにとり，Aを通り底面に垂直な直線とMを含む底面との交点をBとする。直線BMとMを含む底面の円周との交点のうち，Bに近い方をC，Bから遠い方をDとする。また，点Pは，Mを含む底面の円周上をCからDまで，矢印の向きに動く点である。

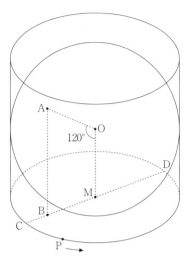

このとき，次の各問いに答えなさい。ただし，根号がつくときは，根号のついたままで答えること。 （熊本県）

(1) 線分ABの長さを求めなさい。

(2) 三角すいABPMの体積が最も大きくなるとき，

　① 三角すいABPMの体積を求めなさい。

　② 線分BPの中点をQとする。点Qと△APMを含む平面との距離を求めなさい。

② 次の(1)，(2)の問いに答えなさい。 （栃木県）

(1) 図1のような，半径4cmの球がちょうど入る大きさの円柱があり，その高さは球の直径と等しい。この円柱の体積を求めなさい。ただし，円周率はπとする。

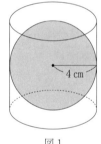

図1

(2) 図2のような，半径4cmの球Oと半径2cmの球O′がちょうど入っている円柱がある。その円柱の底面の中心と2つの球の中心O，O′とを含む平面で切断したときの切り口を表すと，図3のようになる。この円柱の高さを求めなさい。

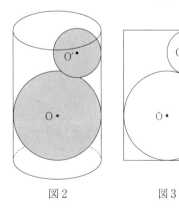

図2　　　図3

③ 右の図のように，線分 AB を直径とする半円があり，AB = 8 cm
とします。弧 AB 上に点 C を，∠ABC = 30° となるようにとります。
線分 AB の中点を点 D とし，点 D を通り線分 AB に垂直な直線と線
分 BC との交点を E とします。

　次の(1)，(2)に答えなさい。　　　　　　　　　　　　　（北海道）

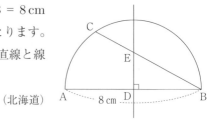

(1)　線分 DE の長さを求めなさい。

(2)　△BCD を，線分 AB を軸として 1 回転させてできる立体の体積を求めなさい。
　　ただし，円周率は π を用いなさい。

④ 図 1 のように，円 O が AB = AC = 4 cm，BC = 6 cm の
△ABC の各辺と接している。△ABC の面積を S cm²，円 O
の半径を r cm として，次の各問いに答えなさい。　（沖縄県）

問 1　S の値を求めなさい。

問 2(1)　S を r を使って表しなさい。

　(2)　r の値を求めなさい。

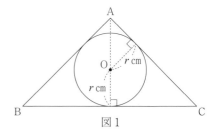

図 1

問 3　円 O と△ABC の各辺との接点を，図 2 のように D，
　　E，F とする。直線 AD を軸として△DEF を 1 回転させ
　　てできる回転体の体積を求めなさい。ただし，円周率は π
　　とする。

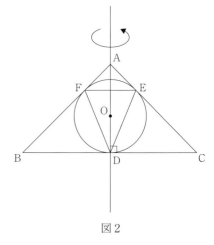

図 2

(5) 複 合 体

出 題 例

正答率 ① 66.5 %　② 21.2 %　KeyPoint　錐体と柱体に分解する。

1 次の文章中の アイ などに入る数字をそれぞれ答えなさい。

ア，イ，…の一つ一つには，0 から 9 までの数字のいずれか 1 つがあてはまります。

図で，立体 ABCDEFGH は底面が台形の四角柱で，AB ∥ DC である。

AB = 3 cm，AE = 7 cm，CB = DA = 5 cm，DC = 9 cm のとき，

① 台形 ABCD の面積は アイ cm² である。

② 立体 ABEFGH の体積は ウエ cm³ である。

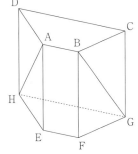

類 題　次の文章中の アイ などに入る数字をそれぞれ答えなさい。

1 図のような底面の 1 辺の長さが 6 の正四角すい O—ABCD があります。OA = OB = OC = OD = 12 で，点 E，F はそれぞれ辺 OC，辺 OD 上にあって OE = OF = 4 とし，2 点 O，E から底面 ABCD に下した垂線をそれぞれ OH，EJ とします。このとき，次の問いに答えなさい。

① EJ の長さは ア √ イウ である。

② 立体 EFABCD の体積は エオ √ カキ である。

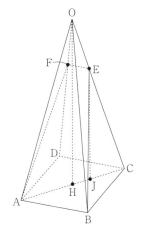

2 右の図は，底面が 1 辺 6 cm の正方形で，他のすべての辺の長さが 3√6 cm の正四角錐 O—ABCD である。このとき，次の問いに答えなさい。

① 正四角錐 O—ABCD の体積は アイ cm³ である。

② 辺 OC の中点を M とし，3 点 A，B，M を通る平面で正四角錐 O—ABCD を切るとき，点 C を含む方の立体の体積は ウエ cm³ である。

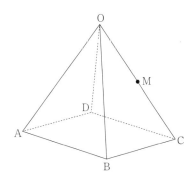

実践問題

1　図Ⅰ，図Ⅱにおいて，立体 AB—CDEF は五つの平面で囲まれてできた立体である。四角形 CDEF は，CD = 4 cm，DE = 5 cm の長方形である。四角形 ADEB は AB ∥ DE の台形であり，AB = 3 cm，AD = BE = 8 cm である。四角形 ACFB は，四角形 ADEB と合同な台形である。△ACD は AC = AD の二等辺三角形であり，△BFE は BF = BE の二等辺三角形である。

　次の問いに答えなさい。 （大阪府）

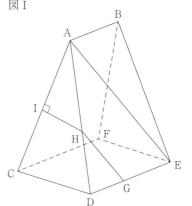

図Ⅰ

(1)　図Ⅰにおいて，A と E とを結ぶ。G は辺 DE 上の点であり，GE = 3 cm である。H は，G を通り線分 AE に平行な直線と辺 AD との交点である。I は，H から辺 AC にひいた垂線と辺 AC との交点である。

① △AEB の面積を求めなさい。

② 線分 AH の長さを求めなさい。

③ 線分 IH の長さを求めなさい。

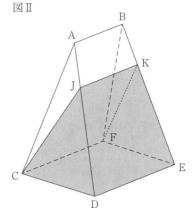

図Ⅱ

(2)　図Ⅱにおいて，J，K はそれぞれ辺 AD，BE 上の点であり，AJ = BK = 2 cm である。このとき，4 点 C，J，K，F は同じ平面上にあり，この 4 点を結んでできる四角形 CJKF は JK ∥ CF の台形であって，JC = KF である。

① 線分 JK の長さを求めなさい。

② 立体 JK—CDEF の体積を求めなさい。

2　右の図のように，底面が 1 辺 6 cm の正方形で，高さが 5 cm の正四角すい OABCD がある。辺 OA，OB，BC，AD の中点をそれぞれ点 E，F，G，H とする。また，正四角すい OABCD を 4 点 E，F，G，H を通る平面で切り，頂点 A を含む方の立体を立体 X とする。

　このとき，次の問い(1)～(3)に答えなさい。 （京都府立桃山高）

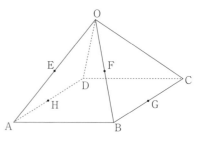

(1)　正四角すい OABCD の体積を求めなさい。

(2)　正四角すい OABCD の表面積を求めなさい。

(3)　立体 X の体積を求めなさい。

愛知県公立高入試
数　学

受験生の**1/2以上**が**間違える**問題への**対策問題集**

解説・解答

英俊社

第1章

§1. 数 と 式

解答

出題例	① $x \geqq 15a$　② $(n =)$ 67, 68, 69

類題	① (1) ウ　(2) ア　(3) エ　(4) エ　(5) ウ　② (1) ウ　(2) ウ　(3) ア　(4) エ　(5) ア

実践問題	① (1) $a - 4b \geqq 10$　(2) $3x + 5y < 20$　② (1) 13 (個)　(2) 49　**1** イ　**2** オ

解説

類題

① (1) 残りのひもの長さは $x - 2y \,(\mathrm{m})$ と表せるから, $x - 2y < 3$

(2) 1 本 80 円の鉛筆 x 本の代金は $80x$ 円, 1 本 100 円のボールペン y 本の代金は $100y$ 円だから,

$80x + 100y > 1000$ と表せるから, $4x + 5y > 50$

(3) 3 人の得点の合計は $(a + b + 80)$ 点だから, 平均点は $\dfrac{a + b + 80}{3}$ 点。よって, $a + b + 80 > 3c$

(4) 必要な画用紙は $4y$ 枚で, 配ったあと何枚か余ることから, $x - 4y > 0$ より, $x > 4y$

(5) 2 個 b 円のものは 1 個 $\dfrac{b}{2}$ 円だから, 8 個では, $\dfrac{b}{2} \times 8 = 4b$ (円)

また, 支払った金額は 1000 円より少ないから, $3a + 4b - 1000 < 0$

② (1) $\sqrt{3n - 1} < 8$ より, $\sqrt{3n - 1} < \sqrt{64}$

よって, $3n - 1 < 64$　$3n < 65$ より, $n < 21\dfrac{2}{3}$　よって, 不等式を満たす最大の自然数 n は 21。

(2) 各辺を 2 乗して, $25 < 2n + 1 \leqq 36$ より, $24 < 2n \leqq 35$ だから, $12 < n \leqq 17.5$

よって, $n = 13, 14, 15, 16, 17$ だから, 2 番目に大きい値は 16。

(3) 各辺から 1 をひいて, $4 < \sqrt{3n} < 5$　各辺を 2 乗して, $16 < 3n < 25$

これをみたす整数 n は, $n = 6, 7, 8$ の 3 個。

(4) $10 = \sqrt{100}$, $10\sqrt{2} = \sqrt{200}$ より, $\sqrt{100} < \sqrt{n^2 + n} < \sqrt{200}$ となる。

したがって, $100 < n^2 + n < 200$ より, $100 < n(n + 1) < 200$　n と $n + 1$ は連続する自然数だから,

順に調べると, $9 \times 10 = 90$, $10 \times 11 = 110$, $11 \times 12 = 132$, $12 \times 13 = 156$, $13 \times 14 = 182$,

$14 \times 15 = 210$ より, これを満たすのは, $n = 10, 11, 12, 13$ の 4 個。

(5) $\dfrac{1}{6} = \dfrac{1}{\sqrt{36}}$, $\dfrac{1}{5} = \dfrac{1}{\sqrt{25}}$ だから, n は, $25 < n < 36$ を満たす自然数である。

よって, $26, 27, 28, 29, 30, 31, 32, 33, 34, 35$ の 10 個。

実践問題

① (1) 配った本数は, $4 \times b = 4b$ (本) なので, $a - 4b \geqq 10$

(2) 重さの合計は $(3x + 5y) \,\mathrm{kg}$ と表せるから, $3x + 5y < 20$

② (1) $\sqrt{9} < \sqrt{\dfrac{n}{2}} < \sqrt{16}$ なので, $9 < \dfrac{n}{2} < 16$ となり, $18 < n < 32$

これを満たす自然数 n の個数は, 19 から 31 までの 13 個。

(2) n が自然数より, それぞれを 2 乗しても大小関係は変わらないから, $n^2 \leqq x \leqq (n + 1)^2$

自然数 x の個数が 100 個だから, $(n + 1)^2 - n^2 + 1 = 100$ が成り立つ。これを解くと, $n = 49$

2 三つの数はすべて正の数なので, 2 乗しても大小関係は変わらない。

よって, $(\sqrt{31})^2 = 31$, $\left(\dfrac{8}{\sqrt{2}}\right)^2 = \dfrac{64}{2} = 32$, $5.5^2 = 30.25$ より, $5.5 < \sqrt{31} < \dfrac{8}{\sqrt{2}}$

§2. 方程式

解答

出 題 例	$\boxed{1}$ (1) 31500（円） (2) 168（人） $\boxed{2}$ 32（人）
類 題	$\boxed{1}$ (1) ア (2) ウ (3) ア (4) エ $\boxed{2}$ (1) ア (2) ア
実践問題	$\boxed{1}$ (1) 5（個） (2) 60（mL） (3) 12（個）

$\boxed{2}$ (1) 63（人） (2)（A中学校）475（人）（B中学校）750（人） ■1 ウ ■2 ウ

解説

類 題

$\boxed{1}$ (1) クラスの人数を x 人とすると，パーティーの経費は，800 円ずつ集めると 2000 円足りなくなるので，$(800x + 2000)$ 円。900 円ずつ集めると 1500 円余るので，$(900x - 1500)$ 円。

したがって，$800x + 2000 = 900x - 1500$ が成り立つ。これを解くと，$x = 35$

よって，経費は，$800 \times 35 + 2000 = 30000$（円）

(2) 定価，$200 \times \left(1 + \dfrac{x}{100}\right)$ 円で 10 個売れたので，売上は，$200 \times \left(1 + \dfrac{x}{100}\right) \times 10 = 2000 + 20x$（円）

定価の 30 %引きの値段は，$200 \times \left(1 + \dfrac{x}{100}\right) \times \left(1 - \dfrac{30}{100}\right)$ 円で，このとき残りの，$50 - 10 = 40$（個）

売れたので，売上は，$200 \times \left(1 + \dfrac{x}{100}\right) \times \left(1 - \dfrac{30}{100}\right) \times 40 = 5600 + 56x$（円）

よって，利益について，$2000 + 20x + 5600 + 56x - 200 \times 50 = 1780$ が成り立つから，$x = 55$

(3) A の仕入れ値を $7x$ 円とすると，A の定価は$(7x + 70)$円，B の定価は$(3x + 70)$円と表せる。

したがって，$(7x + 70) : (3x + 70) = 7 : 4$ より，$28x + 280 = 21x + 490$

よって，$7x = 210$ より，$x = 30$ となるので，A の仕入れ値は，$7 \times 30 = 210$（円）

(4) 姉のもとの所持金を $7x$ 円とすると，妹のもとの所持金は $4x$ 円と表せる。

姉は 3000 円，妹は，$4x \times \dfrac{25}{100} = x$（円）使ったので，$(7x - 3000) : (4x - x) = 13 : 12$ が成り立つ。

$12(7x - 3000) = 39x$ より，$x = 800$ よって，求める金額は，$7 \times 800 = 5600$（円）

$\boxed{2}$ (1) 昨年の男子の入学者数を x 人，女子の入学者数を y 人とすると，昨年の入学者数の合計より，$x + y = 410$……① 今年は入学者数が全体で 35 人減っていることから，$0.1x + 0.06y = 35$……②

①，②を連立方程式として解くと，$x = 260$，$y = 150$ よって，今年の男子の入学者数は，$260 - 260 \times 0.1 = 234$（人），女子の入学者数は，$150 - 150 \times 0.06 = 141$（人）

(2) 今年の男子の応募者数を x 人，女子の応募者数を y 人とすると，今年の応募者数について，$x + y = 140$……①，昨年と今年で男女の変化した人数が同じであることから，$0.2x = 0.15y$……②が成り立つ。

①，②を連立方程式として解くと，$x = 60$，$y = 80$ よって，昨年の男子の応募者数は，$60 \times (1 - 0.2) = 48$（人），女子の応募者数は，$80 \times (1 - 0.15) = 68$（人）

実践問題

$\boxed{1}$ (1) 箱の個数を x 個とすると，チョコレートの個数について，$30x + 22 = 35(x - 1) + 32$ が成り立つ。

これを解くと，$x = 5$

(2) はじめに容器 A に入っていた牛乳の量を x mL とすると，$(x + 140) : 2x = 5 : 3$ が成り立つ。

よって，$3(x + 140) = 2x \times 5$ より，$7x = 420$ となるから，$x = 60$

(3) B の箱から取り出した白玉を x 個とすると，A の箱から取り出した赤玉は $2x$ 個だから，A の箱に残った赤玉は$(45 - 2x)$個，B の箱に残った白玉は$(27 - x)$個となる。

よって，$(45 - 2x) : (27 - x) = 7 : 5$ より，$7(27 - x) = 5(45 - 2x)$だから，

$189 - 7x = 225 - 10x$ となり，$3x = 36$ したがって，$x = 12$

②　(1) 昨年の男子を x 人，女子を y 人とすると，$x + y = 140$……①

また，今年の全体の生徒数は昨年と比べて，$140 - 135 = 5$（人）減ったから，増減について，$0.05x - 0.1y = -5$　両辺を 20 倍して，$x - 2y = -100$……②　①－②より，$3y = 240$ だから，$y = 80$

①に代入して，$x + 80 = 140$ より，$x = 60$　よって，今年の男子の人数は，$60 \times 1.05 = 63$（人）

(2) 昨年度の生徒の合計から，$x + y = 1225$……①　今年度の生徒の増減から，$\dfrac{4}{100}x - \dfrac{2}{100}y = 4$……②

①×2 ＋②×100 より，$6x = 2850$　よって，$x = 475$　このとき①より，$y = 1225 - 475 = 750$

■1　方程式の左辺は，鉛筆の本数が x 人に 6 本ずつ配る本数より 10 本少ないことを表し，右辺は，鉛筆の本数が x 人に 4 本ずつ配る本数より 20 本多いことを表す。

■2　ある年の降灰量を x とすると，$x \times \left(1 + \dfrac{47}{100}\right) = 1193$ より，$\dfrac{147}{100}x = 1193$ なので，$x = 811.5\cdots$

よって，ウ。

§3. 関　数

解答

出 題 例　①(1) ウ，エ　(2) イ，エ　②(1) 6（個）　(2) $(a =) \dfrac{6}{5}$

類　　題　①(1) ア，ウ　(2) イ，エ　②(1) ウ　(2) ア　(3) エ　(4) エ

実践問題　①(1) イ，オ　(2) ア，エ

②(1) 10（個）　(2) 8（個）　(3) $(a =) -\dfrac{3}{4}$　(4) $(a =) 1$　(5) $(a =) 9$

(6) -1（から）3（まで増加した）　■1(1) 2　(2) ①，④

解説

類　　題

①(1) y を x の式で表すと，アは，$y = 3x$，イは，$y = 4x + 3$，

ウは，$y = x \times 1\dfrac{20}{60} = \dfrac{4}{3}x$ と表せる。エは式で表すことができない。よって，y が x に比例するものはアとウ。

(2) グラフは右図のようになる。$x < 0$ の範囲で，x の値が増加すると y の値が減少するものは，イとエ。

②(1) 反比例の式を $y = \dfrac{a}{x}$ とおき，$x = \dfrac{4}{5}$，$y = -10$ を代

入すると，$-10 = a \div \dfrac{4}{5}$ だから，$a = -10 \times \dfrac{4}{5} = -8$　したがって，$y = -\dfrac{8}{x}$ のグラフ上で，x 座標と y 座標が整数である点は，$(-8, 1)$，$(-4, 2)$，$(-2, 4)$，$(-1, 8)$，$(1, -8)$，$(2, -4)$，$(4, -2)$，$(8, -1)$ の 8 個ある。

(2) $y = \dfrac{16}{x}$ より，$xy = 16$ なので，整数 x，y $(x > y)$ の積が 16 となる (x, y) は，

$(16, 1)$，$(8, 2)$，$(-1, -16)$，$(-2, -8)$ の 4 通り。

(3) $y = \dfrac{1}{3}x + 1$ の変化の割合は一定で，$\dfrac{1}{3}$

$y = ax^2$ で x の増加量は，$4 - 2 = 2$　y の増加量は，$4^2 a - 2^2 a = 12a$

変化の割合は，$\dfrac{12a}{2} = 6a$　これが $\dfrac{1}{3}$ と等しいので，$6a = \dfrac{1}{3}$ より，$a = \dfrac{1}{18}$

(4) $y = x^2$ で，$x = a$ のとき $y = a^2$　$x = a + 2$ のとき $y = (a + 2)^2$　$y = 6x - 1$ の変化の割合は 6 なの

で，条件より，$\dfrac{(a + 2)^2 - a^2}{a + 2 - a} = 6$　これを解くと，$a^2 + 4a + 4 - a^2 = 12$ より，$a = 2$

[実践問題]

1 (1) ア～オの x と y の関係を式で表すと，以下のようになる。ア．$y = 150x$　イ．$y = \dfrac{1000}{x}$

ウ．$y = 20 - x$　エ．$y = \dfrac{1}{15}x$　オ．$y = \dfrac{25}{x}$　よって，y が x に反比例するのは，イとオ。

(2) ア．$x = 0$ のとき，$y = 2 \times 0^2 = 0$　イ．$x > 0$ のとき，x が増加すると y も増加する。

ウ．y 軸について対称。エ．$x = 0$ のとき $y = 0$ で最小，$x = 2$ のとき $y = 2 \times 2^2 = 8$ で最大。

オ．変化の割合は一定にはならない。

2 (1) $xy = 16$ だから，x 座標，y 座標は 16 の正の約数と負の約数になる。よって，$(x, y) = (- 16, - 1)$，$(- 8,$

$- 2)$，$(- 4, - 4)$，$(- 2, - 8)$，$(- 1, - 16)$，$(1, 16)$，$(2, 8)$，$(4, 4)$，$(8, 2)$，$(16, 1)$ の 10 個。

(2) $(- 2) \times (- 4) = 8$ より，この反比例のグラフの式は，$y = \dfrac{8}{x}$　この式を満たす整数 x，y の組は，$(x,$

$y) = (- 8, - 1)$，$(- 4, - 2)$，$(- 2, - 4)$，$(- 1, - 8)$，$(1, 8)$，$(2, 4)$，$(4, 2)$，$(8, 1)$ の 8 個。

(3) $y = ax^2$ において，$x = 1$ のとき，$y = a \times 1^2 = a$，$x = 3$ のとき，$y = a \times 3^2 = 9a$ だから，

x の値が 1 から 3 まで増加するときの変化の割合は，$\dfrac{9a - a}{3 - 1} = 4a$

これが $- 3$ と等しいから，$4a = - 3$ より，$a = - \dfrac{3}{4}$

(4) $x = a$ のとき，$y = a^2$，$x = a + 5$ のとき，$y = (a + 5)^2 = a^2 + 10a + 25$ だから，

変化の割合について，$\dfrac{(a^2 + 10a + 25) - a^2}{(a + 5) - a} = 7$ が成り立つ。これを解くと，$a = 1$

(5) $x = a$ のとき，$y = - 2a^2$，$x = a + 2$ のとき，$y = - 2 (a + 2)^2 = - 2a^2 - 8a - 8$ だから，

変化の割合について，$\dfrac{- 2a^2 - 8a - 8 - (- 2a^2)}{a + 2 - a} = - 40$ が成り立つ。$\dfrac{- 8a - 8}{2} = 40$ より，$a = 9$

(6) x の値が a から $a + 4$ まで増加したとすると，

y の増加量は，$\dfrac{1}{4} (a + 4)^2 - \dfrac{1}{4}a^2 = \dfrac{1}{4} (a^2 + 8a + 16) - \dfrac{1}{4}a^2 = 2a + 4$ と表せる。

よって，$2a + 4 = 2$ より，$a = - 1$ だから，x の値は，$- 1$ から，$- 1 + 4 = 3$ まで増加したことになる。

■ (1) $y = ax^2$ に，$x = 1$ を代入して，$y = a \times 1^2 = a$　$x = 4$ を代入して，$y = a \times 4^2 = 16a$

よって，$\dfrac{16a - a}{4 - 1} = - 3$ より，$5a = - 3$ だから，$a = - \dfrac{3}{5}$

(2) x の値が $- 3$ から $- 1$ まで増加すると，

①は，$y = 4 \times (- 3) = - 12$ から，$y = 4 \times (- 1) = - 4$ に増加する。

②は，$y = \dfrac{6}{- 3} = - 2$ から，$y = \dfrac{6}{- 1} = - 6$ に減少する。

③は，$y = - 2 \times (- 3) + 3 = 9$ から，$y = - 2 \times (- 1) + 3 = 5$ に減少する。

④は，$y = - (- 3)^2 = - 9$ から，$y = - (- 1)^2 = - 1$ に増加する。

§4. 図 形

解答

| 出題例 | $\boxed{1}$ イ，ウ $\boxed{2}$ $\dfrac{9}{25}$（倍） $\boxed{3}$ $\sqrt{21}$（cm）|

| 類 題 | $\boxed{1}$ (1) エ，オ (2) ウ $\boxed{2}$ (1) ウ (2) イ $\boxed{3}$ (1) ア (2) ア |

| 実践問題 | $\boxed{1}$ (1) エ (2) エ $\boxed{2}$ (1) 12（cm） (2) 16（回）|

$\boxed{3}$ (1) $27\sqrt{3} - 9\pi$（cm²） (2)（PT =）$3\sqrt{7}$ （BT =）$\dfrac{\sqrt{7}}{2}$ $\blacksquare$ ウ・カ $\boxed{\blacksquare 2}$ ウ

解説

類 題

$\boxed{1}$ (1) アは，ℓ と m が交わる場合もあるので，誤り。イは，P と Q が交わる場合もあるので，誤り。ウは，$m \perp$ P とならない場合もあるので，誤り。

(2) 右図の直方体で考えると，AB $\perp$ BF，AB $\perp$ AD　ところが，BF と AD はねじれの位置にある。このように，1つの直線に垂直な2直線がつねに平行であるとは限らない。よって，P $\perp$ Q，P $\perp$ R ならば，Q $/\!/$ R がつねに成り立つとはいえない。

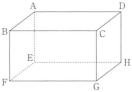

$\boxed{2}$ (1) もとの円柱の底面の半径を a cm，高さを b cm とすると，体積は，$\pi a^2 b$ と表すことができる。また，底面の半径を2倍，高さを $\dfrac{1}{2}$ 倍としたときの体積は，

$\pi \times (2a)^2 \times \dfrac{1}{2}b = 2\pi a^2 b$ と表すことができる。よって，$28\pi \times \dfrac{2\pi a^2 b}{\pi a^2 b} = 56\pi$（cm³）

(2) 底面積が等しいとき，体積は高さに比例する。よって，求める高さは，$4 \times 0.7 = 2.8$（cm）

$\boxed{3}$ (1) 右図のように，O′ を通り PQ に平行な直線と OP との交点を R とすると，PR = QO = 4 cm だから，△ORO′ において三平方の定理より，

RO′ $= \sqrt{12^2 - (6 + 4)^2} = \sqrt{44} = 2\sqrt{11}$（cm）

よって，PQ = RO′ $= 2\sqrt{11}$cm

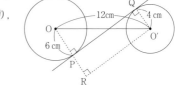

(2) 大きい円の半径は，$4 \div 2 = 2$（cm）だから，右図の△ABC において，

AB $= (x + 2)$ cm　BC $= (2 - x)$ cm，AC $= 6 - x - 2 = 4 - x$（cm）

三平方の定理より，AB² = BC² + AC² だから，$(x + 2)^2 = (2 - x)^2 + (4 - x)^2$

展開して，$x^2 + 4x + 4 = 4 - 4x + x^2 + 16 - 8x + x^2$ より，

整理すると，$x^2 - 16x + 16 = 0$

解の公式より，$x = \dfrac{-(-16) \pm \sqrt{(-16)^2 - 4 \times 1 \times 16}}{2 \times 1} = 8 \pm 4\sqrt{3}$

$0 < x < 2$ より，$x = 8 - 4\sqrt{3}$

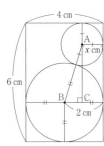

実践問題

$\boxed{1}$ (1) 次図のように，アでは $\ell /\!/ m$ のとき，2直線は交わらない。イでは ℓ と m が交わる場合があり，ウでは ℓ と平面 P が垂直にならない場合がある。

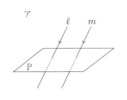
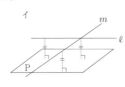
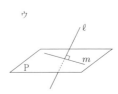

(2) ア．ねじれの位置になる場合もある。イ．直線 ℓ を含む平面，直線 m を含む平面は，それぞれ無数にある。ウ．直線 ℓ が平面 A，B の交線に垂直のときのみ，直線 ℓ と平面 B は垂直になる。

② (1) 球 A と球 B の表面積の比は，$9 : 1 = 3^2 : 1^2$ より，相似比は，$3 : 1$

よって，球 A の半径は，$4 \times 3 = 12\,(\mathrm{cm})$

(2) 体積比は，$2^3 : 5^3 = 8 : 125$ より，$125 \div 8 = 15.6\cdots$ から，$15 + 1 = 16\,(回)$

③ (1) O と A を結ぶと，△OAD と△OAE で，OA が共通，OD = OE，∠ODA = ∠OEA = 90° より，
直角三角形の斜辺と他の 1 辺が等しいから，△OAD ≡△OAE　O と B を結ぶと，△OBC ≡△OBE
これより，AE = AD = 3 cm，BE = BC = 9 cm だから，AB = 3 + 9 = 12 (cm)
A から BC に垂線 AH を下ろすと，BH = 9 − 3 = 6 (cm) より，AB : BH = 12 : 6 = 2 : 1 となるから，
△ABH は 30°，60° の角をもつ直角三角形で，$AH = \sqrt{3}\,BH = 6\sqrt{3}$ (cm)

よって，$OC = OE = \dfrac{1}{2}AH = 3\sqrt{3}$ (cm) だから，

四角形 OEBC $= 2\,\triangle OBC = 2 \times \left(\dfrac{1}{2} \times 9 \times 3\sqrt{3}\right) = 27\sqrt{3}$ (cm²)

また，四角形 OEBC の内角の和より，∠COE = 360° − (90° × 2 + 60°) = 120° だから，

おうぎ形 OCE $= \pi \times (3\sqrt{3})^2 \times \dfrac{120}{360} = 9\pi$ (cm²)

以上より，かげをつけた部分の面積は，四角形 OEBC −おうぎ形 OCE $= 27\sqrt{3} - 9\pi$ (cm²)

(2) △OPT は∠OTP = 90° の直角三角形で，
OP = OB + BP = 1 + 7 = 8，OT = 1 より，$PT = \sqrt{8^2 - 1^2} = 3\sqrt{7}$
次に，点 B から PT に垂線をひき，交点を C とすると，OT // BC より，

OT : BC = OP : BP = 8 : 7 なので，$BC = 1 \times \dfrac{7}{8} = \dfrac{7}{8}$

また，TC : TP = OB : OP = 1 : 8 より，$TC = 3\sqrt{7} \times \dfrac{1}{8} = \dfrac{3\sqrt{7}}{8}$　よって，

△BTC において，$BT = \sqrt{\left(\dfrac{7}{8}\right)^2 + \left(\dfrac{3\sqrt{7}}{8}\right)^2} = \dfrac{\sqrt{7}}{2}$

1 ウの面が底面になるように組み立てると右図のようになるから，辺 AB と垂直な面はウとカ。

2 辺 AE は面 EFGH と垂直だから，∠AEG = 90° となる。

ACEOFSPADE

第2章

§1. 数 と 式

解答

出題例 ① a. 20 b. 21 ② Ⅰ. 10 Ⅱ. 14 Ⅲ. 18 Ⅳ. $4n+2$

類題 ①(1) Ⅰ. エ Ⅱ. オ Ⅲ. オ (2) Ⅰ. ウ Ⅱ. ケ Ⅲ. エ,オ ② Ⅰ. イ Ⅱ. ウ Ⅲ. ア,イ

実践問題 ①(ア) 6(回目) (イ) 3, 6, 9 (ウ) 1 (エ) 74(回目) ②(1)① b ② a (2)③ 11 ④ 91 ⑤ 10

解説

類題

① (1) $T(3) = \dfrac{9}{4} \div 2 + 1 = \dfrac{17}{8}$ だから,$T(4) = \dfrac{17}{8} \div 2 + 1 = \dfrac{33}{16}$

$T(1) \sim T(4)$ から考えると,$T(n)$ の分母は 2^n と表すことができ,分子は分母の2倍より1大きいから,

$T(n) = \dfrac{2^n \times 2 + 1}{2^n} = \dfrac{2^{n+1} + 1}{2^n}$

(2) 最初に1を選び,この操作を5回行うと,1回の操作後にできる数字は,$1 + 1 = 2$,

2回の操作後は,$2 + 3 = 5$,$5 \div 3 = 1$ 余り2より,3回の操作後は,$5 + 2 = 7$,

$7 \div 3 = 2$ 余り1より,4回の操作後は,$7 + 1 = 8$,5回の操作後は,$8 + 3 = 11$

最初に1を選んだとき,この操作で行われる計算は ＋1,＋3,＋2のくり返しだから,

$100 \div 3 = 33$ 余り1より,操作を100回行ったときにできる数字は,$1 + (1 + 3 + 2) \times 33 + 1 = 200$

また,この操作で行われる計算は,＋1,＋2,＋3のいずれかであるから,

3回の操作後にできる数字は,$20 - 1 = 19$,$20 - 2 = 18$,$20 - 3 = 17$ の3通り考えられる。

操作の条件から,2を加えて20になる数は,3で割った余りが2の数だから,18は適さない。

また,3を加えて20になる数は偶数だから,17は適さない。よって,3回の操作後の数字は19。

同様にして考えると,2回の操作後の数字は,$19 - 2 = 17$,$19 - 3 = 16$ の2通りある。

・2回の操作後の数字が17のとき,1回の操作後の数字は,$17 - 3 = 14$ となるから,

最初に選んだ数字は,$14 - 1 = 13$

・2回の操作後の数字が16のとき,1回の操作後の数字は,$16 - 1 = 15$ となるから,

最初に選んだ数字は,$15 - 3 = 12$ よって,求める数は12,13

実践問題

① (ア) $7 \to 10 \to 5 \to 8 \to 4 \to 2 \to 1 \to \cdots$ となる。よって,はじめて1が現れるのは,6回目の操作のあとである。

(イ) 7以外の1から9までの自然数について操作を行うと,次のようになる。

$1 \to 4 \to 2 \to 1 \to \cdots$,$2 \to 1 \to \cdots$,$3 \to 6 \to 3 \to 6 \to \cdots$,$4 \to 2 \to 1 \to \cdots$,$5 \to 8 \to 4 \to 2 \to 1 \to \cdots$,

$6 \to 3 \to 6 \to 3 \to \cdots$,$8 \to 4 \to 2 \to 1 \to \cdots$,$9 \to 12 \to 6 \to 3 \to 6 \to 3 \to \cdots$

よって,1が現れない自然数は,3, 6, 9。

(ウ) $4 \to 2 \to 1 \to 4 \to 2 \to 1 \to 4 \to 2 \to 1$ となるので,8回目の操作のあとで現れる自然数は1。

(エ) (ウ)より,2,1,4の3つの数が繰り返し現れることがわかる。

したがって,25回目の1が現れるのは,2,1,4の3つの数が24回繰り返され,

そのあとに2,1と続いたときになるから,$3 \times 24 + 2 = 74$(回目)の操作のあととなる。

② (1) Nの十の位の数は b,一の位の数は a だから,$N = 1000 \times a + 100 \times b + 10 \times b + 1 \times a$ と表せる。

(2) $1000a + 100b + 10b + a = 1001a + 110b = 11(91a + 10b)$

§2．方程式

解答

出 題 例	$\boxed{1}$ ア．0　イ．－4　$\boxed{2}$ $(a=)8$　$(b=)2$
類 題	$\boxed{1}$(1)ア　(2)ア　$\boxed{2}$(1)ア，エ　(2)イ
実践問題	$\boxed{1}$問1．ア．$3a$　イ．$4a$　ウ．$3b$　問2．$(x=)-6$　$(y=)4$　$\boxed{2}$ 1

解説

類 題

$\boxed{1}$　(1) $2+c+7+3=17$ より，$c=5$　よって，a，b，d に当てはまる数字は 1，6，9 のいずれかで，

$a+b=17-(8+2)=7$，$a+d=17-(4+3)=10$ より，$d-b=10-7=3$ となるので，

$a=1$，$b=6$，$d=9$

(2) 縦横斜めを足した合計が，$16+15+11=42$ なので，$D=42-(12+11)=19$，

$E=42-(16+12)=14$　よって，$A=42-(19+14)=9$

$\boxed{2}$　(1) 1 次方程式を解くと，$x=3$　これを 2 次方程式に代入して，$3^2+(a-3)\times3-a^2=0$

整理すると，$a^2-3a=0$　左辺を因数分解して，$a(a-3)=0$　よって，$a=0$，3

(2) $x^2+3x-28=0$ より，$(x+7)(x-4)=0$ だから，$x=-7$，4

よって，$x^2-2ax-a+5=0$ の解の 1 つは，$x=-7+5=-2$

$x=-2$ を代入して，$(-2)^2-2a\times(-2)-a+5=0$　整理して，$3a=-9$ より，$a=-3$

実践問題

$\boxed{1}$　問1．アは，3 列の数の和だから，$3\times a=3a$　また，イは，縦，横，斜め 2 列の計 4 列の数の和だから，

$4\times a=4a$ で，中央のますに入っている数の b だけを 4 列すべてで数えているから，

$4a$ から b を 3 つ除くと，9 つのますに入っている数の和になる。

つまり，9 つのますに入っている数の和は，$4a-3b$ と表せるから，ウは $3b$。

問2．（左上のます）$+x+y=$（左上のます）$+6+(-8)$ より，$x+y=6-8$……①

また，（中央のます）$+x+2=$（中央のます）$+y+(-8)$ より，$x+2=y-8$……②

①より，$y=-x-2$ を②に代入すると，$x+2=-x-2-8$　これを解いて，$x=-6$

①に代入して，$-6+y=-2$ より，$y=4$

$\boxed{2}$　$x^2-5x-6=0$ の左辺を因数分解して，$(x-6)(x+1)=0$ より，$x=6$，-1 だから，大きい方の解は

$x=6$　これを $x^2+ax-24=0$ に代入して，$6^2+a\times6-24=0$　これを解いて，$a=-2$

§3．統 計

解答

出 題 例	$\boxed{1}$ ア，ウ，オ，カ　$\boxed{2}$ a．4　b．4.5　c．8
類 題	$\boxed{1}$(1)イ，エ　(2)ア，エ　$\boxed{2}$(1)Ⅰ．イ　Ⅱ．ア　Ⅲ．ク　(2)ウ，エ，オ
実践問題	$\boxed{1}$イ　$\blacksquare$イ・ウ

解説

類 題

$\boxed{1}$　(1) 試合は全部で 80 試合だから，第 1 四分位数は小さいほうから 20 番目と 21 番目の値の平均，

第 2 四分位数（中央値）は 40 番目と 41 番目の値の平均，

第 3 四分位数は 60 番目と 61 番目の値の平均となる。

ア…A チームの第 3 四分位数は 9 点だが，60 番目の値が 8 点，61 番目の値が 10 点という場合も考えられるので，得点が 9 点の試合があったとは限らない。

イ…Aチームの中央値が8点，Bチームの第3四分位数が8点だから，得点が8点以上の試合が，Aチームは少なくとも，$80 \times \dfrac{1}{2} = 40$（試合），Bチームは少なくとも，$80 \times \dfrac{1}{4} = 20$（試合）あった。

ウ…四分位範囲は，Aチームが，$9 - 5 = 4$（点），Bチームが，$8 - 3 = 5$（点）

エ…範囲は，Aチームが，$11 - 2 = 9$（点），Bチームが，$9 - 1 = 8$（点）で，AチームのほうがBチームより大きい。

オ…この箱ひげ図からは，Aチームの9点以上の試合数もBチームの8点以上の試合数も，正確な値を求めることはできないので，半分かどうかは分からない。

したがって，正しいものは，イ，エ。

(2) それぞれの生徒の具体的な記録がわからないので，平均回数だけからでは中央値，最頻値はわからないから，イ，ウは不適切。また，欠席者2人の記録の合計は，$29.5 \times 2 = 59$（回）なので，このうちの1人が0回だとすると，もう1人が59回になり，最高記録がN君の55回のままとは限らない。さらに，欠席者2人の平均回数は，この2人を除いたクラスの平均回数と同じなので29.5回とわかり，記録は整数なので，欠席者2人のうち，1人は29.5回以上，もう1人は29.5回より少ないことがわかる。

2 (1) 5点以下が，$1 + 3 + 3 + 6 + 1 + 1 = 15$（人），6点以下が，$15 + 2 = 17$（人）より，点数が低い方から15番目の生徒の点数は5点，16番目の生徒の点数は6点だから，中央値は，$\dfrac{5 + 6}{2} = 5.5$（点）

7点の人数をx人，9点の人数をy人とすると，人数について，
$1 + 3 + 3 + 6 + 1 + 1 + 2 + x + 3 + y + 1 = 30$が成り立つ。整理して，$x + y = 9$……①
また，平均値が5.1点だから，30人の点数の合計は，$5.1 \times 30 = 153$（点）より，点数の合計について，
$0 \times 1 + 1 \times 3 + 2 \times 3 + 3 \times 6 + 4 \times 1 + 5 \times 1 + 6 \times 2 + 7 \times x + 8 \times 3 + 9 \times y + 10 \times 1 = 153$
が成り立つ。整理して，$7x + 9y = 71$……②　①，②を連立方程式として解くと，$x = 5$，$y = 4$
よって，㋐にあてはまる数は5。平均値が6.2点だから，20人の点数の合計は，$6.2 \times 20 = 124$（点）
したがって，$124 \div 8 = 15$余り4より，8点をとった生徒は最大で15人となる。

(2) もともとの中央値は点数を小さい順に並べたときの10番目と11番目の点数の平均で，$\dfrac{9 + 10}{2} = 9.5$（点）　半分にしたデータのうち，小さい方の中央値が第1四分位数だから，5番目と6番目の点数の平均で，$\dfrac{5 + 6}{2} = 5.5$（点）　大きい方の中央値が第3四分位数だから，15番目と16番目の点数の平均で12点。欠席していた1人の生徒がテストを受けたところ中央値は，$9.5 + 0.5 = 10$（点）になるが，この生徒の得点が9点以下だと，中央値は9点となるから，得点は10点以上とわかる。また，第3四分位数は変わらないから，12点以下となる。よって，この生徒の得点は10または11または12点。

実践問題

1 ア．最頻値は，A中学校は6.5時間で，B中学校は7.5時間で，異なる。

イ．8時間以上9時間未満の相対度数は，A中学校が，$\dfrac{7}{30} = 0.23\cdots$，B中学校が，$\dfrac{21}{90} = 0.23\cdots$で，等しい。

ウ．A中学校の7時間未満の生徒の割合は，$\dfrac{3 + 10}{30} \times 100 = 43.3\cdots$（％）なので，正しくない。

エ．$1 + 8 + 27 = 36$（人），$36 + 29 = 65$（人）より，B中学校の小さい方から45番目と46番目の生徒はともに7時間以上8時間未満なので，正しくない。

1 資料の中央値はその資料の平均値より大きくなるとはかぎらないので，イは誤り。また，資料の値を大きさの順に並べたときの20番目と21番目の2つの値の平均を中央値とするが，この2つの値が異なる整数のとき，中央値は整数とならない。したがって，ウも誤り。

§4. 確 率

解答

| 出 題 例 | $\boxed{1}$ $\dfrac{1}{9}$　$\boxed{2}$ Ⅰ. $99(a-c)$　Ⅱ. 15 |

| 類　　　題 | $\boxed{1}$ (1) Ⅰ. ウ　Ⅱ. ウ　(2) Ⅰ. イ　Ⅱ. エ　$\boxed{2}$ (1) エ　(2) イ |

| 実践問題 | $\boxed{1}$ (1) $y = -x + 8$　(2) $\dfrac{5}{12}$ |

解説

類　題

$\boxed{1}$ (1) 全体の場合の数は，$6 \times 6 = 36$（通り）　求める場合の数は，1回目と2回目が同じ数のときで，1から6の6通りあるから，確率は，$\dfrac{6}{36} = \dfrac{1}{6}$　また，裏返す枚数は，1の目が30枚，2の目が，$30 \div 2 = 15$（枚），3の目が，$30 \div 3 = 10$（枚），4の目が，$30 \div 4 = 7.5$より7枚，5の目が，$30 \div 5 = 6$（枚），6の目が，$30 \div 6 = 5$（枚）　1回目の目の数を a，2回目の目の数を b とする。$a = b$ のとき，白と黒の数が等しくなることはない。次に，$a < b$ の場合を考える。$a = 1$ のとき黒30枚になり，2回目に15枚裏返せば白と黒の数が等しくなるので，2の目が出ればよい。$a = 2$ のとき白15枚，黒15枚になり，2回目に白と黒を同じ枚数だけ裏返せば白と黒の数が等しくなる。このとき，$b = 4$，6はともに2の倍数で，1回目に裏返したものの一部を白に戻すので，白と黒の数が等しくはならない。$b = 3$ のとき，2と3の最小公倍数が6より，2回目に裏返す10枚のうち5枚は1回目に黒にしたカードなので，2回目では白5枚，黒5枚を裏返す。$b = 5$ のとき，2と5の最小公倍数は10より，2回目に裏返す6枚のうち，$30 \div 10 = 3$（枚）は1回目に黒にしたカードなので，2回目では白3枚，黒3枚を裏返す。以降，$a = 3$ のとき，$b = 4 \cdot 6$，$a = 4$ のとき $b = 5$，6，$a = 5$ のとき $b = 6$ は，どれも白と黒の数が等しくはならない。したがって，$a < b$ の場合に，$(a, b) = (1, 2)$，$(2, 3)$，$(2, 5)$ の3通りがあり，1回目と2回目の目が入れ替わっても裏返ったカードは変わらないから，$a > b$ の場合も3通り。よって，求める確率は，$\dfrac{3 + 3}{36} = \dfrac{1}{6}$

(2) カードの取り出し方は，$5 \times 5 \times 5 = 125$（通り）　このうち得点が3点になる取り出し方は，3回の操作で「1と2と5」，「1と4と5」を取った場合のそれぞれ6通り。よって，求める確率は，$\dfrac{6 \times 2}{125} = \dfrac{12}{125}$　3回の操作で得点が1点になる取り出し方は，「2と3と5」，「3と4と5」を取った場合のそれぞれ6通りと，「1を2回，2を1回」，「1を1回，2を2回」，「1を2回，4を1回」，「1を1回，4を2回」，「1を2回，5を1回」，「1を1回，5を2回」，「2を2回，5を1回」，「2を1回，5を2回」，「4を2回，5を1回」，「4を1回，5を2回」を取った場合のそれぞれ3通り。よって，求める確率は，$\dfrac{6 \times 2 + 3 \times 10}{125} = \dfrac{42}{125}$

$\boxed{2}$ (1) 3つのさいころをふったときの目の出方は，$6 \times 6 \times 6 = 216$（通り）　$811a + 730b + 641c = 9(90a + 81b + 71c) + a + b + 2c$ より，$a + b + 2c$ が9の倍数になる場合を考えればよい。$c = 1$ のとき，$a + b = 7$ より，a と b の目の出方は6通り。$c = 2$ のとき，$a + b = 5$ より，a と b の目の出方は4通り。$c = 3$ のとき，$a + b = 3$ より，a と b の目の出方は2通りと，$a + b = 12$ より，a と b の目の出方は1通りあるので，計3通り。$c = 4$ のとき，$a + b = 10$ より，a と b の目の出方は3通り。$c = 5$ のとき，$a + b = 8$ より，a と b の目の出方は5通り。$c = 6$ のとき，$a + b = 6$ より，a と b の目の出方は5通り。以上より，求める確率は，$\dfrac{6 + 4 + 3 + 3 + 5 + 5}{216} = \dfrac{26}{216} = \dfrac{13}{108}$

(2) $A = 10x + y$，$B = 10y + x$ と表せるから，$A + B = (10x + y) + (10y + x) = 11x + 11y = 11(x + y)$ だから，$A + B$ が5の倍数になるとき，$x + y$ が5の倍数となる。これを満たすのは，$(x, y) = (1, 4)$，$(2, 3)$，$(3, 2)$，$(4, 1)$，$(4, 6)$，$(5, 5)$，$(6, 4)$ の7通り。よって，求める確率は $\dfrac{7}{36}$。

実践問題

① (1) カードは全部で 13 枚あり，x 枚と y 枚を取り除いた後に 5 枚のカードが残っているから，

$13 - x - y = 5$　よって，$y = -x + 8$

(2) ⬤，▲，✚ の 3 種類が残る場合，$x = 1$，2，3 で，$y = 3$，4，5 のときだから，$3 \times 3 = 9$（通り），▲，

✚，★ の 3 種類が残る場合，$x = 4$，5，6 で，$y = 1$，2 のときだから，$3 \times 2 = 6$（通り）より，全部で，

$9 + 6 = 15$（通り）　x，y の組み合わせは全部で，$6 \times 6 = 36$（通り）だから，求める確率は，$\dfrac{15}{36} = \dfrac{5}{12}$

§5. 関　数

(1) 関数と図形

解答

出　題　例　① $\left(-\dfrac{2}{3}, \ \dfrac{10}{3}\right)$　② $\dfrac{2}{9} \leqq a \leqq 6$　③ -5

類　　題　① (1) オ　(2) ア　② (1)（a の最大値）エ　（a の最小値）ウ　(2) ア　③ (1) ウ　(2) イ

実践問題　① (1) ①（2 点 B，C の間の距離）12　（点 A と直線 BC との距離）8　② $y = \dfrac{23}{25}x - \dfrac{23}{5}$

(2) ① $(-3, \ 1)$　② $y = -\dfrac{1}{2}x + 3$　② $\dfrac{\sqrt{3}}{9}$　③ $(y =) - x + 6$

解説

類　　題

① (1) 原点 O を通り△ABC の面積を 2 等分する直線が，BC と交わる点を P とすると，$\triangle\text{ABC} = \dfrac{1}{2} \times 6 \times$

$4 = 12$ より，$\triangle\text{POB} = \dfrac{1}{2}\triangle\text{ABC} = 6$　OB $= 4$ を底辺とした△POB の高さを h とおくと，面積につ

いて，$\dfrac{1}{2} \times 4 \times h = 6$ が成り立つから，これを解いて，$h = 3$　つまり，点 P の x 座標は 3 とわかる。こ

こで，直線 BC の式は，傾きが，$\dfrac{-2-(-4)}{4-0} = \dfrac{1}{2}$ なので，$y = \dfrac{1}{2}x - 4$　これより，点 P の y 座標は

直線 BC の式に $x = 3$ を代入して，$y = \dfrac{1}{2} \times 3 - 4 = -\dfrac{5}{2}$　よって，原点 O と P$\left(3, \ -\dfrac{5}{2}\right)$ を通る直

線の傾きは，$-\dfrac{5}{2} \div 3 = -\dfrac{5}{6}$ となるので，求める式は，$y = -\dfrac{5}{6}x$

(2) 直線 BC は，傾きが，$\dfrac{0-(-8)}{-3-9} = \dfrac{8}{-12} = -\dfrac{2}{3}$ だから，式を $y =$

$-\dfrac{2}{3}x + b$ とおくと点 C を通ることから，$0 = -\dfrac{2}{3} \times (-3) + b$

よって，$b = -2$ だから，$y = -\dfrac{2}{3}x - 2$　D は直線 BC と y 軸との交

点だから，D$(0, -2)$　AD $= 4 - (-2) = 6$ だから，$\triangle\text{ACD} = \dfrac{1}{2} \times$

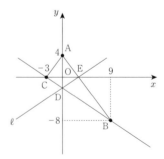

$6 \times 3 = 9$　$\triangle\text{ABD} = \dfrac{1}{2} \times 6 \times 9 = 27$ より，$\triangle\text{ABC} = 9 + 27 = 36$

前図のように，直線 ℓ と線分 AB との交点を E とすると，$\triangle\text{ACD} + \triangle\text{AED} = 36 \div 2 = 18$ となるから，

$\triangle\text{AED} = 18 - \triangle\text{ACD} = 9$　よって，点 E の x 座標は $9 \times 2 \div 6 = 3$　直線 AB の式を求めると，

$y = -\dfrac{4}{3}x + 4$ だから，$x = 3$ を代入して，$y = -\dfrac{4}{3} \times 3 + 4 = 0$ より，E$(3, 0)$

したがって，直線 ℓ の傾きは，$\dfrac{0-(-2)}{3-0} = \dfrac{2}{3}$，切片は -2 だから，求める式は $y = \dfrac{2}{3}x - 2$

$\boxed{2}$ (1) 直線 AB は，傾きが，$(3 - 1) \div (2 - 1) = 2$ だから，

直線の式を $y = 2x + b$ とおいて，点 B の座標を代入すると，$3 = 2 \times 2 + b$ より，$b = -1$

点 A を通るとき，$y = ax^2$ に A $(1, 1)$ を代入して，$1 = 1^2 a$ より，$a = 1$

ここで，$y = x^2$ を $y = 2x - 1$ に代入して，$x^2 = 2x - 1$ より，$x^2 - 2x + 1 = 0$ で，$(x - 1)^2 = 0$ だから，$a = 1$ のとき，放物線 C は直線 AB と点 A で接する。よって，a の最大値は，$a = 1$ 最小値は，

B $(2, 3)$ を通る場合で，$y = ax^2$ に，$x = 2$，$y = 3$ を代入して，$3 = a \times 2^2$ より，$a = \dfrac{3}{4}$

(2) 2 点 A，D は y 軸について対称な点で，$AD = 4$ なので，点 A の x 座標は -2。

$y = \dfrac{3}{2}x^2$ に $x = -2$ を代入して，$y = \dfrac{3}{2} \times (-2)^2 = 6$

よって，A $(-2, 6)$ より，点 D の座標は $(2, 6)$ で線分 CD は y 軸に平行なので，点 C の x 座標は 2，

y 座標は，$6 - 4 = 2$ $y = ax^2$ に点 C の座標の値を代入して，$2 = a \times 2^2$ より，$a = \dfrac{1}{2}$

$\boxed{3}$ (1) $y = ax^2$ は，C $(4, 8)$ を通るので，$8 = a \times 4^2$ より，$a = \dfrac{1}{2}$ 直線 AD と直線 BC は平行で，直線 BC

の傾きが 1 なので，直線 AD の傾きも 1。よって，直線 AD の式は，$y = x + b$ と表せる。直線 AD は，

A $(2, 14)$ を通るので，$14 = 2 + b$ より，$b = 12$ したがって，直線 AD の式は，$y = x + 12$

平行四辺形 ABCD の面積を 2 等分する直線は，平行四辺形 ABCD の対角線の交点を通るので，線分 AC

の中点を通る。A $(2, 14)$，C $(4, 8)$ より，線分 AC の中点は，$\left(\dfrac{2 + 4}{2}, \dfrac{14 + 8}{2} \right) = (3, 11)$

また，点 E は，$y = \dfrac{1}{2}x^2$ と $y = x + 12$ の交点だから，この 2 式を連立させると，$\dfrac{1}{2}x^2 = x + 12$ より，

$x^2 - 2x - 24 = 0$ 左辺を因数分解して，$(x - 6)(x + 4) = 0$ より，$x = 6$，-4 E の x 座標は正なの

で，$x = 6$ よって，E $(6, 18)$ となる。ここで，線分 AC の中点と E を結ぶ直線の式を，$y = px + q$ と

すると，$(3, 11)$，$(6, 18)$ を通るので，$\begin{cases} 11 = 3p + q \\ 18 = 6p + q \end{cases}$ が成り立つ。

これを解くと，$p = \dfrac{7}{3}$，$q = 4$ したがって，求める直線の式は，$y = \dfrac{7}{3}x + 4$

(2) 点 A の x 座標が 1 で，線分 AB の中点が y 軸上にあるので，点 B の x 座標は -1。四角形 OABC は平行四辺形なので，OA = CB O と A の x 座標の差は 1 なので，B と C の x 座標の差も 1 となり，点 C の x 座標は -2。点 C は $y = x^2$ 上の点なので，点 C の y 座標は，$y = (-2)^2 = 4$

ここで，点 A も $y = x^2$ 上の点なので，点 A の y 座標は，$y = 1^2 = 1$ となり，O と A の y 座標の差が 1 なので，B と C の y 座標の差も 1 となる。よって，点 B の y 座標は 5 なので，B $(-1, 5)$ 平行四辺形 OABC $= 2 \triangle$OAB 線分 AB と y 軸との交点を D とすると，D は AB の中点なので，$\triangle$OAB $= 2 \triangle$OAD 点 D の y 座標は，$\dfrac{1 + 5}{2} = 3$ なので，$\triangle$OAD $= \dfrac{1}{2} \times 3 \times 1 = \dfrac{3}{2}$

よって，平行四辺形 OABC $= 2 \triangle$OAB $= 2 \times 2 \triangle$OAD $= 4 \triangle$OAD $= 4 \times \dfrac{3}{2} = 6$

$\boxed{\text{実践問題}}$

$\boxed{1}$ (1)① 点 B の y 座標は $y = \dfrac{1}{2}x + 2$ に $x = 10$ を代入して，$y = \dfrac{1}{2} \times 10 + 2 = 7$，点 C の y 座標は $y = -x + 5$ に $x = 10$ を代入して，$y = -10 + 5 = -5$ よって，2 点 B，C 間の距離は，$7 - (-5) = 12$

また，点 A と直線 BC との距離は，2 点 A，B の x 座標の差になる。

点 A は 2 直線 $y = \dfrac{1}{2}x + 2$ と $y = -x + 5$ の交点だから，

$y = \dfrac{1}{2}x + 2$ に $y = -x + 5$ を代入して，$-x + 5 = \dfrac{1}{2}x + 2$ より，$-\dfrac{3}{2}x = -3$ だから，$x = 2$

よって，点 A の x 座標は 2 だから，点 A と直線 BC との距離は，$10 - 2 = 8$

② $\triangle$ACB $= \dfrac{1}{2} \times 12 \times 8 = 48$　点 D の座標は $y = -x + 5$ に，$y = 0$ を代入して，$0 = -x + 5$ より，

$x = 5$ だから，D $(5,\ 0)$ で，$\triangle$BDC $= \dfrac{1}{2} \times 12 \times (10 - 5) = 30$　$\triangle$BDC の面積は，$\triangle$ACB の面積

の $\dfrac{1}{2}$ より大きいので，点 D を通り，$\triangle$ACB の面積を 2 等分する直線は線分 BC と交わる。

この点を E とし，E の y 座標を e とすると，CE $= e - (-5) = e + 5$ で，$\triangle$DCE $= \dfrac{1}{2} \times (e + 5) \times$

$(10 - 5) = \dfrac{5}{2}e + \dfrac{25}{2}$ と表せるから，$\triangle$DCE の面積について，$\dfrac{5}{2}e + \dfrac{25}{2} = 48 \times \dfrac{1}{2}$ が成り立つ。

これを解くと，$e = \dfrac{23}{5}$ より，E $\left(10,\ \dfrac{23}{5}\right)$　直線 DE は，傾きが，$\left(\dfrac{23}{5} - 0\right) \div (10 - 5) = \dfrac{23}{25}$ だから，

直線の式を，$y = \dfrac{23}{25}x + b$ とおいて，点 D の座標を代入すると，$0 = \dfrac{23}{25} \times 5 + b$ より，$b = -\dfrac{23}{5}$

よって，求める直線の式は，$y = \dfrac{23}{25}x - \dfrac{23}{5}$

(2)① 点 B の座標は $(0,\ 4)$ で，点 A から点 B までは，x 座標が，$0 - 3 = -3$ 増加し，y 座標が，$4 - 3 = 1$

増加している。四角形 ABCO が平行四辺形となるとき，点 O から点 C までの関係も同じになるので，

点 C の x 座標は -3，y 座標は 1 となり，C $(-3,\ 1)$

② 求める直線と直線 OA との交点を E とすると，

$\triangle$ABO $= \dfrac{1}{2} \times 4 \times 3 = 6$ より，$\triangle$EDO $= \dfrac{1}{2}\triangle$ABO $= 3$ となればよい。

ここで，点 E の x 座標を e とすると，$\triangle$EDO の面積について，$\dfrac{1}{2} \times 3 \times e = 3$ が成り立つ。

これを解いて，$e = 2$　直線 OA の式は，傾きが，$\dfrac{3}{3} = 1$ より，$y = x$ なので，点 E の座標は $(2,\ 2)$

よって，求める直線の傾きは，$\dfrac{2 - 3}{2 - 0} = -\dfrac{1}{2}$ なので，求める直線の式は $y = -\dfrac{1}{2}x + 3$

2　点 C，D の y 座標は等しいから，AB∥DC より，∠BAE $=$ ∠DCE であり，∠AEB $=$ ∠CED $= 90°$，

AE $=$ EC より，$\triangle$ABE $\equiv \triangle$CDE となり，AB $=$ CD であり，AC⊥BD だから四角形 ABCD はひし形で，

CB $=$ AB $= 3 - (-3) = 6$　CD $= 6$ より，C $(6,\ 36a)$

ここで，点 C から x 軸に垂線をひき，直線 AB との交点を F とすると，

B $(3,\ 9a)$ より，BF $= 6 - 3 = 3$，CF $= 36a - 9a = 27a$　よって，$\triangle$CBF について三平方の定理より，

$(27a)^2 + 3^2 = 6^2$ だから，$a^2 = \dfrac{1}{27}$ で，$a > 0$ より，$a = \dfrac{\sqrt{3}}{9}$

3　$y = \dfrac{1}{3}x^2$ に $x = -6$ を代入して，$y = \dfrac{1}{3} \times (-6)^2 = 12$ より，A $(-6,\ 12)$　同様に，$x = -3$ を代入し

て，$y = \dfrac{1}{3} \times (-3)^2 = 3$ より，C $(-3,\ 3)$　また，四角形 DCOB が平行四辺形のとき，DB∥CO

ここで，直線 CO の傾きは，$\dfrac{0 - 3}{0 - (-3)} = -1$ なので，直線 ℓ の式は，$y = -x + b$ とおける。

これに点 A の座標を代入して，$12 = -(-6) + b$ より，$b = 6$　よって，$y = -x + 6$

（2）いろいろな事象と関数

解答

出題例　①　① 1600（m）　②（次図 1）　②　① 15（分後）　②（次図 2）　③　①（次図 3）　② 4（秒間）

図 1

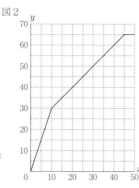

図 2　　　図 3

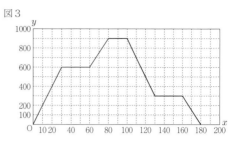

類題　①（1）① エ　② ア　（2）① イ　② イ，エ，オ　②（1）① イ　② エ　（2）① ア　② ア

③（1）① ウ　② エ　（2）① イ　② ア

実践問題　①　① 4（か所）　② 475（秒後と）515（秒後）

②（1）①（水そう）165（L）　（タンク）275（L）　② 81（分）15（秒後）

（2）① 5（L）　② 13（分）12（秒後）

③　①（ℓ =）150　（S =）1350　② $y = -40x + 9750$

解説

類題

① (1)① P と Q が出発してから x 秒後に P と Q が 2 回目にもっとも離れるとする。このとき，P は Q より，

$720 \times \dfrac{3}{2} = 1080$（m）多く進んでいるから，$9x = x + 1080$　よって，$x = 135$

② P は，$720 \div 9 = 80$（秒）で 1 周，Q は 720 秒で 1 周する。したがって，$240 \leqq x \leqq 320$ のとき，P は 4 周目，$400 \leqq y \leqq 480$ のとき，P は 6 周目となるから，点 A からの進行方向での円周上の長さについて，〈x 秒後〉P は $(9x - 720 \times 3)$ cm，Q は x cm，〈y 秒後〉P は $(9y - 720 \times 5)$ cm，Q は y cm となる。

よって，$\begin{cases} 9x - 720 \times 3 = y \\ 9y - 720 \times 5 = x \end{cases}$ を解いて，$x = 288$，$y = 432$

(2)① $x = 4$ のとき，点 P，Q の間は，$(2 + 3) \times 4 = 20$（cm）となるから，$y = 20$

$x = 8$ のとき，点 P，Q の間は，$(2 + 3) \times 8 = 40$（cm）となるから，$y = 40 - 40 = 0$

$4 \leqq x \leqq 8$ のとき，$\overgroup{PQ}$ は点 A を含まない方なので，$y = 40 - (2 + 3)x = -5x + 40$

② $0 \leqq x \leqq 4$ のとき，$\overgroup{PQ}$ は点 A を含む方なので，$y = (2 + 3)x = 5x$ より，$8 = 5x$　よって，$x = \dfrac{8}{5}$

次に，$4 \leqq x \leqq 8$ のとき，$y = -5x + 40$ なので，$8 = -5x + 40$ より，$x = \dfrac{32}{5}$

また，$8 \leqq x \leqq 12$ のとき，$y = 5x - 40$ なので，$8 = 5x - 40$ より，$x = \dfrac{48}{5}$

② (1)① BC と OR の交点を D とする。t 秒後の OB の長さは，$1 \times t = t$（cm）　OB : OD = AB : AC = 4 : 3 なので，OD $= t \times \dfrac{3}{4} = \dfrac{3}{4}t$（cm）　よって，S $= \dfrac{1}{2} \times t \times \dfrac{3}{4}t = \dfrac{3}{8}t^2$（cm²）

② BC と PQ の交点を E とすると，重なっている部分は右図の斜線部分の台形

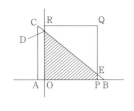

DOPE。PB $= (t - 3)$ cm になるので，PE $= \dfrac{3}{4}(t - 3)$ (cm)

よって，DO $+$ EP $= \dfrac{3}{4}t + \dfrac{3}{4}(t - 3) = \dfrac{3}{2}t - \dfrac{9}{4}$ (cm) より，

S $= \left(\dfrac{3}{2}t - \dfrac{9}{4}\right) \times 3 \times \dfrac{1}{2} = \dfrac{9}{4}t - \dfrac{27}{8}$ (cm^2)

(2)① グラフより，6秒後から10秒後までは正方形全体が長方形と重なっていることがわかる。

このときの面積は $9\,\mathrm{cm}^2$ だから，$3^2 = 9$ より，正方形 ABCD の 1 辺の長さは $3\,\mathrm{cm}$。

② グラフより，辺 CD が辺 PQ と重なってから 6 秒後に辺 AB が辺 PQ に重なることがわかるので，

6秒間で $3\,\mathrm{cm}$ 進んだことになる。よって，正方形が進む速さは毎秒，$3 \div 6 = \dfrac{1}{2}$ (cm)

辺 CD が辺 SR と重なるのは 10 秒後だから，正方形は 10 秒間で，長方形の横の長さを進んだことになる。よって，長方形の横の長さは，$\dfrac{1}{2} \times 10 = 5$ (cm)

③ (1)① グラフより，給水を始めてから 180 秒後にポンプを切り換えたことがわかる。180 秒後から 420 秒後までに水面は $3\,\mathrm{cm}$ 上がっているから，この間に給水された水の量は，$50 \times 80 \times 3 = 12000$ (cm^3)

よって，B の給水ポンプから毎秒給水される水の量は，$12000 \div (420 - 180) = 50$ (cm^3)

② A の給水ポンプから 1 分間に給水できる水の量は，$200 \times 60 = 12000$ (cm^3) また，X と Y の排水ポンプを使って毎秒排水できる水の量は，$300 \div 2 + 300 = 450$ (cm^3)

よって，水そうが空になるのにかかる時間は，$12000 \div 450 = 26.6\cdots$ (秒) より，26 秒以上 27 秒未満。

(2)① ブロックの高さまでは，水が入る部分の底面積は容器 X の底面積より小さいので，水面の上がり方は図 1 よりも急になり，水面がブロックの高さをこえると，水面の上がり方は図 1 と同じになる。

よって，正しいグラフはイ。

② 容器 Y の高さまでは，水が入る部分の底面積は容器 X の底面積より小さいので，水面の上がり方は図 1 よりも急になり，水面が容器 Y の高さになると，水は容器 Y に入るのでこの間は水面の高さは変わらないが，容器 Y に水がすべて入ると，以降の水面の上がり方は図 1 と同じになる。

よって，正しいグラフはア。

[実践問題]

① ① 2 人が初めてすれ違うまでに，A さんは S 地点から右回りに，$3 \times 90 = 270$ (m)，B さんは S 地点から左回りに，$1 \times 90 = 90$ (m) 進むので，ランニングコース 1 周の距離は，$270 + 90 = 360$ (m)

また，2 人がすれ違ってから次にすれ違うまでに B さんは左回りに 90m 進むので，

1 回目にすれ違うのは S 地点から左回りに 90m 進んだ地点，2 回目にすれ違うのは S 地点から左回りに 180m 進んだ地点，3 回目にすれ違うのは S 地点から左回りに 270m 進んだ地点，4 回目にすれ違うのは S 地点となる。よって，2 人がすれ違う地点は 4 か所。

② 5 回目にすれ違ってから 6 回目にすれ違うまでに 2 人の間の距離が 100m となるのは，5 回目にすれ違ってから 2 人が進んだ距離の和が 100m になるとき……(i)と，$360 - 100 = 260$ (m) になるとき……(ii)。

1 秒間に 2 人が進む距離の和は，$3 + 1 = 4$ (m) だから，(i)は，5 回目にすれ違ってから，$100 \div 4 = 25$ (秒後)で，(ii)は，5 回目にすれ違ってから，$260 \div 4 = 65$ (秒後) 5 回目にすれ違うのは，2 人が出発してから，$90 \times 5 = 450$ (秒後) だから，(i)は，$450 + 25 = 475$ (秒後)で，(ii)は，$450 + 65 = 515$ (秒後)

② (1)① 30 分間で水そうから排水される水の量は，$2 \times 30 = 60$ (L) 排水を始めてから 25 分後から 30 分後までの 5 分間でタンクから給水される水の量は，$5 \times 5 = 25$ (L)

したがって，水そうの水の量は，$200 - 60 + 25 = 165$ (L)，タンクの水の量は，$300 - 25 = 275$ (L)

② グラフより，3回目に等しくなるのは，排水装置が動き始めてから75分後から95分後の間となる。

排水装置が動き始めてから x 分後の水そうとタンクの水の量をそれぞれ y L として，$75 \leqq x \leqq 95$ におけるグラフを式で表すと，水そうのグラフは，傾きが，$5 - 2 = 3$ だから，$y = 3x + b$ とおくと，

点$(75, 150)$を通るから，$150 = 3 \times 75 + b$ より，$b = -75$　よって，$y = 3x - 75$……(i)

タンクのグラフは，傾きが -5 で，点$(75, 200)$を通るから，$y = -5x + 575$……(ii)

(i)，(ii)の式から y を消去して，$3x - 75 = -5x + 575$ より，$8x = 650$

よって，$x = \dfrac{325}{4} = 81\dfrac{1}{4}$ より，排水装置が動き始めてから81分15秒後。

⑵① 水そうBで初めて水の量が3Lまで減って給水が始まるのは，$(15 - 3) \div 3 = 4$（分後）

そのあと，毎分，$5 - 3 = 2$（L）ずつ水そうBの水の量は増えるので，

5分後の水の量は，$3 + 2 \times (5 - 4) = 5$（L）

② ①より，水そうBの水の量が15Lから3Lに減るのにかかる時間は4分で，

3Lから15Lまで増えるのにかかる時間は，$(15 - 3) \div 2 = 6$（分）だから，

水そうBの水の量は排水口を開いてから，4分後に3L，10分後に15L，14分後に3L，…と増減する。

この様子をグラフにすると，次図のようになるので，排水口を開いて10分たった時点から2つの水そうの水の量が初めて等しくなるのは，次図の線分PQと線分RSの交点の時間になる。

ここで，排水口を開いてからの時間を x 分，水の量を y L とする。

水そうAは給水が始まると水の量が毎分，$3 - 1 = 2$（L）増えるので，PQの傾きは2。

PQの式を $y = 2x + b$ とおいてP$(12, 3)$を代入すると，$3 = 2 \times 12 + b$ となり，$b = -21$

また，RSの傾きは -3 なので，RSの式を $y = -3x + c$ とおいてR$(10, 15)$を代入すると，

$15 = -3 \times 10 + c$ となり，$c = 45$　よって，$\begin{cases} y = 2x - 21 \\ y = -3x + 45 \end{cases}$ を解いて，$x = \dfrac{66}{5}$，$y = \dfrac{27}{5}$

$\dfrac{66}{5}$ 分 $= 13.2$ 分で，0.2 分は，$0.2 \times 60 = 12$（秒）なので，求める時間は，13分12秒後。

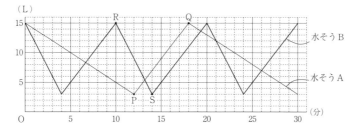

③　① グラフより，Aが入りはじめてから出はじめるまで150cm進んでいるので，$\ell = 150$

また，$x = 100$ でBが入りはじめて，$x = 145$ でBが完全に入っている。

その間に y は，$3750 - 2400 = 1350$（cm²）増えているので，$S = 1350$

② $x = 150$ でAが出はじめ，$x = 210$ でAが完全に出る。

$x = 210$ のとき，X線検査機の中にはBだけ入っているから，$x = 210$ のとき，$y = 1350$

よって，$150 \leqq x \leqq 210$ のとき，グラフは，$(150, 3750)$，$(210, 1350)$を通る直線となる。

傾きは，$\dfrac{1350 - 3750}{210 - 150} = -40$ より，式は $y = -40x + b$ とおけるから，

これに，$x = 210$，$y = 1350$ を代入して，$1350 = -40 \times 210 + b$ となり，$b = 9750$

よって，$y = -40x + 9750$

第3章
§1．円・おうぎ形の計量〈角度〉

解答

解説

類　題

① 円 O の円周の長さは，$2\pi \times 12 = 24\pi$ (cm)なので，$\overset{\frown}{AB}$に対する中心角は，$360° \times \dfrac{3\pi}{24\pi} = 45°$で，

円周角は，$45° \times \dfrac{1}{2} = 22.5°$　$\overset{\frown}{CD}$に対する中心角は，$360° \times \dfrac{4\pi}{24\pi} = 60°$で，円周角は，$60° \times \dfrac{1}{2} = 30°$

よって，線分 BC をひくと，$\angle ECB = 22.5°$，$\angle CBE = 30°$なので，△BCE の内角と外角の関係から，
$\angle CED = 22.5° + 30° = 52.5°$で，$\angle AED = 180° - 52.5° = 127.5°$

② 円周角の大きさは弧の長さに比例するから，

右図で，$\angle ADB = a$とすると，$\angle BDC = 2a$，$\angle DBC = 3a$

四角形 ABCD は円に内接しているから，向かい合う角の大きさの和は $180°$になる。

これより，$a + 2a + 3a + 66° = 180°$が成り立つ。

これを解くと，$a = 19°$　よって，$\angle BDC = 19° \times 2 = 38°$

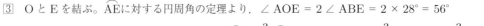

③ O と E を結ぶ。$\overset{\frown}{AE}$に対する円周角の定理より，$\angle AOE = 2\angle ABE = 2 \times 28° = 56°$

中心角の大きさと弧の長さは比例するから，$\overset{\frown}{ED} = \dfrac{3}{2}\overset{\frown}{AE}$より，$\angle EOD = \dfrac{3}{2}\angle AOE = \dfrac{3}{2} \times 56° = 84°$

また，$\overset{\frown}{ED}$に対する円周角の定理より，$\angle ECD = 84° \times \dfrac{1}{2} = 42°$

したがって，三角形の内角と外角の関係より，$\angle x = \angle AOD - \angle ECD = (56° + 84°) - 42° = 98°$

④ 点 O と 3 点 A，B，C をそれぞれ結ぶと，円周角の定理より，点 B を含まない方の$\overset{\frown}{AC}$に対する中心角は，
$2\angle ABC = 200°$だから，$\angle AOC = 360° - 200° = 160°$

弧の長さと，それに対する中心角の大きさは比例するから，$\angle AOB = \angle AOC \times \dfrac{2}{2+3} = 160° \times \dfrac{2}{5} = 64°$

△OAB は二等辺三角形だから，$\angle OAB = (180° - 64°) \div 2 = 58°$　$OA \perp \ell$より，$\angle x = 90° - 58° = 32°$

⑤ 右図のように円の中心を O とおき，半径 AO，BO をひく。

四角形 OADB で，$\angle OAD = \angle OBD = 90°$だから，

$\angle AOB = 360° - 52° - 90° - 90° = 128°$

$\overset{\frown}{AB}$に対する円周角と中心角の関係より，$\angle ACB = \dfrac{1}{2}\angle AOB = 64°$

よって，$\angle x = 180° - 72° - 64° = 44°$

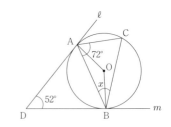

⑥　右図のように，OとPを結ぶ。

OP⊥ℓだから，△DOPにおいて，∠DOP＝180°－90°－42°＝48°

$\overparen{\text{CP}}$に対する円周角だから，∠CBP＝$\dfrac{1}{2}$∠COP＝$\dfrac{1}{2}$×48°＝24°

ACは直径だから，∠ABC＝90°　よって，∠x＝90°－24°＝66°

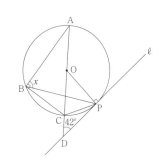

⑦　右図のように，3点A〜Cを決め，OとBを結ぶ。

△OABは二等辺三角形なので，∠AOB＝180°－35°×2＝110°

よって，∠BOC＝110°－60°＝50°

$\overparen{\text{BC}}$の中心角と円周角の関係より，∠x＝$\dfrac{1}{2}$∠BOC＝$\dfrac{1}{2}$×50°＝25°

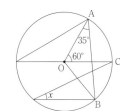

⑧　右図で，AB∥CDより，∠BCD＝∠ABC＝34°

円周角の定理より，∠BED＝∠BCD＝34°

BEは円の直径なので，∠BDE＝90°

よって，△BDEについて，∠x＝180°－（34°＋90°）＝56°

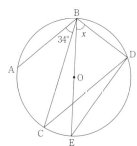

⑨　右図のように，A〜Dとすると，OA＝OD（円の半径）より，

△OADは二等辺三角形だから，∠OAD＝（180°－36°）÷2＝72°

また，$\overparen{\text{CD}}$の円周角なので，∠CAD＝∠CBD＝28°

よって，∠x＝∠OAD－∠CAD＝72°－28°＝44°

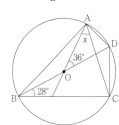

[実践問題]

①　右図のように，OとC，OとDをそれぞれ結ぶ。△OACは，OA＝OCの

二等辺三角形だから，∠ACO＝70°，∠AOC＝180°－70°×2＝40°

$\overparen{\text{CD}}$＝2$\overparen{\text{AC}}$より，∠COD＝40°×2＝80°

また，∠OCE＝180°－70°＝110°，∠ODE＝90°

よって，四角形OCEDの内角の和より，

∠CED＝360°－（80°＋110°＋90°）＝80°

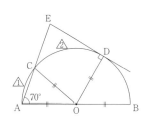

②　$\overparen{\text{BC}}$に対する中心角と円周角だから，∠BOC＝2∠BDC

$\overparen{\text{BC}}$＝2$\overparen{\text{AD}}$より，$\overparen{\text{AD}}$＝$\dfrac{1}{2}$$\overparen{\text{BC}}$で，弧の長さと中心角は比例するから，

∠AOD＝$\dfrac{1}{2}$∠BOC＝∠BDC＝34°

円周角の定理より，∠ABD＝$\dfrac{1}{2}$∠AOD＝17°

よって，△BDEで，∠x＝∠EBD＋∠BDE＝17°＋34°＝51°

③ 円の中心を O とし，O と A，O と B をそれぞれ結ぶ。

∠OAP = ∠OBP = 90°なので，四角形 OAPB の内角の和より，∠AOB = 360° − (90° × 2 + 50°) = 130°

$\overparen{AB}$ に対する円周角と中心角の関係より，$\angle x = \dfrac{1}{2} \angle AOB = \dfrac{1}{2} \times 130° = 65°$

④ 右図のように，円の半径 OC，OD をひく。△BPE において，∠PBE = 180° −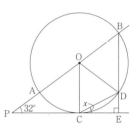
(32° + 90°) = 58° また，点 C は円と接線の接点だから，∠OCP = 90°となり，
OC ∥ BE 平行線の同位角より，∠POC = ∠PBE = 58°なので，∠COB =
180° − 58° = 122° ここで，△OBD は，OB = OD の二等辺三角形なので，
∠ODB = ∠OBD = 58° これより，∠BOD = 180° − 58° × 2 = 64°となり，
∠COD = ∠COB − ∠BOD = 122° − 64° = 58° △OCD も OC = OD の二

等辺三角形なので，$\angle OCD = \dfrac{180° - 58°}{2} = 61°$ よって，∠OCE = 90°より，$x = 90° - 61° = 29°$

⑤ O と C を結ぶと，△OBC は，OB = OC の二等辺三角形だから，∠BOC = 180° − 2∠x

$\overparen{AC}$ に対する円周角と中心角の関係より，∠AOC = 2∠ADC = 2 × 56° = 112°

よって，38° + (180° − 2∠x) = 112°となり，2∠x = 106°より，∠x = 53°

⑥ A と C を結ぶと，$\overparen{CE}$ に対する円周角だから，∠EAC = ∠EDC = 40°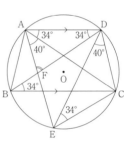
また，AD ∥ BC であることと，$\overparen{CD}$ に対する円周角が等しいことから，
∠ADB = ∠CBD = ∠CAD = ∠CED = 34°
よって，△AFD の内角の和について，∠AFD = 180° − (34° + 34° + 40°) = 72°

§2．平面図形の計量
(1) 三　角　形

解答

| 出 題 例 | ① ① 9 (cm) ② $\dfrac{32}{5}$ (倍) ② ① $2\sqrt{10}$ (cm) ② $\dfrac{63}{5}$ (cm²) |

類 題　① ① ア．3 イ．8 ② ウ．2 エ．3 ② ① ア．3 イ．2 ② ウ．5 エ．1 オ．2

③ ① ア．5 イ．8 ② ウ．6 エ．1 オ．3 ④ ① ア．4 イ．5 ② ウ．4 エ．0

実践問題　① (1) $\dfrac{14}{3}$ (cm) (2) $\dfrac{10}{3}$ (cm) (3) 5：63 ② $\dfrac{72}{7}$ (cm²) ③ $\dfrac{45}{2}$ (cm²)

④ (1) $\dfrac{21\sqrt{3}}{4}$ (cm²) (2) $\dfrac{1}{3}$ (cm)

解説

類 題

① ① 中点連結定理より，DE ∥ BC だから，EG ∥ BC より，BC：EG = BF：FG = 6：5 となり，EG =

$\dfrac{5}{6}$ BC また，BC：DE = 2：1 だから，DE = $\dfrac{1}{2}$ BC だから，DE：EG = $\dfrac{1}{2}$ BC：$\dfrac{5}{6}$ BC = 3：5

よって，△BDE：△BDG = DE：DG = 3：(3 + 5) = 3：8 より，△BDE = $\dfrac{3}{8}$ △BDG = $\dfrac{3}{8}$ S₁

② AD = DB より，△BDE = △ADE，△ADE ∽ △ABC より，△ADE：△ABC = 1²：2² = 1：4 だか

ら，△ABC：△BDE = 4：1 となり，△ABC = 4△BDE また，△BDE = $\dfrac{3}{8}$ △BDG なので，

△BDG = $\dfrac{8}{3}$ △BDE よって，S₁：S₂ = △BDG：△ABC = $\dfrac{8}{3}$ △BDE：4△BDE = 2：3

2 ① 中点連結定理より，$PR = \dfrac{1}{2}BC$, $PR \parallel BQ$　また，$BC : CQ = 3 : 1$ より，$CQ = \dfrac{1}{3}BC$

　　よって，$PR : QC = \dfrac{1}{2}BC : \dfrac{1}{3}BC = \dfrac{1}{2} : \dfrac{1}{3} = 3 : 2$

② 右図において，$\triangle APR = T$ とする。$PR \parallel BC$ より，$\triangle APR \backsim$
　$\triangle ABC$ で，相似比は，$1 : 2$ だから，面積比は，$1^2 : 2^2 = 1 : 4$

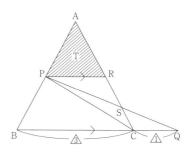

　よって，$\triangle ABC = 4T$ より，四角形 $PBCR = 4T - T = 3T$
　点 P と点 C を結ぶと，$AR = RC$ より，$\triangle PCR = T$
　$PR \parallel CQ$ より，$RS : SC = PR : QC = 3 : 2$ で，$\triangle PSR = \triangle PCR$
　$\times \dfrac{3}{3 + 2} = \dfrac{3}{5}T$　よって，四角形 $PBCS = 3T - \dfrac{3}{5}T = \dfrac{12}{5}T$

　したがって，$\triangle APR :$ 四角形 $PBCS = T : \dfrac{12}{5}T = 5 : 12$

3 ① 右図のように直線 AL と直線 BC の交点を P とおく。
　$\triangle LDA \backsim \triangle LCP$ より，$AL : PL = DL : CL = 3 : 2$

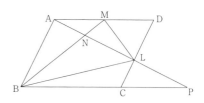

　また，$AD : PC = 3 : 2$ より，$PC = \dfrac{2}{3}AD$

　よって，$BP = AD + \dfrac{2}{3}AD = \dfrac{5}{3}AD$

　次に，$AM = \dfrac{1}{2}AD$ で，$\triangle NMA \backsim \triangle NBP$ より，$AN : PN = AM : PB = \dfrac{1}{2}AD : \dfrac{5}{3}AD = 3 : 10$

　よって，$AL : LP = 3 : 2 = 39 : 26$, $AN : NP = 3 : 10 = 15 : 50$ より，$AN : NL = 15 : (39 - 15) = 5 : 8$

② $\triangle LMN = \triangle AML \times \dfrac{8}{5 + 8} = \dfrac{1}{2}\triangle ALD \times \dfrac{8}{13} = \dfrac{4}{13} \times \left(\square ABCD \times \dfrac{1}{2} \times \dfrac{3}{2 + 3} \right) = \dfrac{6}{65} \square ABCD$

　また，$\triangle BCL = \triangle DBC \times \dfrac{2}{2 + 3} = \dfrac{1}{2} \square ABCD \times \dfrac{2}{5} = \dfrac{1}{5} \square ABCD$

　よって，$\triangle LMN : \triangle BCL = \dfrac{6}{65} : \dfrac{1}{5} = 6 : 13$

4 ① $\triangle AGD$ は，$AD = 10$, $DG = \dfrac{1}{2}DC = \dfrac{1}{2} \times 10 = 5$, $\angle ADG = 90°$ の直角三角形なので，三平方の定

　理より，$AG = \sqrt{10^2 + 5^2} = 5\sqrt{5}$　$\triangle ADG$, $\triangle CBE$, $\triangle DCF$ は，$AD = CB = DC$, $DG = BE =$
　CF, $\angle ADG = \angle CBE = \angle DCF = 90°$ より合同で，相似であるともいえる。
　ここで，$\angle DAG = \angle CDF$ となるので，$\triangle ADG$ と $\triangle DPG$ は 2 組の角が等しいことより，相似になり，
　平行線の同位角より，$\angle DGP = \angle DCQ$ となるので，$\triangle DQC \backsim \triangle ADG$ で，

　$DQ : AD = DC : AG = 10 : 5\sqrt{5}$ なので，$DQ = \dfrac{10}{5\sqrt{5}}AD = \dfrac{10}{5\sqrt{5}} \times 10 = 4\sqrt{5}$

② Q から辺 AD に垂線 QH をひくと，$\angle QHD = 90°$ で，$\angle QDH = \angle AGD$ より，$\triangle QDH \backsim \triangle AGD$
　したがって，$QH : AD = QD : AG$ が成り立つ。

　よって，$QH : 10 = 4\sqrt{5} : 5\sqrt{5} = 4 : 5$ より，$QH = 8$ となり，$\triangle AQD = \dfrac{1}{2} \times 10 \times 8 = 40$

【実践問題】

1 (1) $EF \parallel BC$ より，$EF : BC = AE : AB$　$AE = AB - EB = 9 - 3 = 6$ (cm) だから，

　　$EF : 7 = 6 : 9$ より，$EF = \dfrac{14}{3}$ (cm)

　(2) 平行線の錯角は等しいから，$\angle EDB = \angle DBC$　DB は $\angle ABC$ の二等分線だから，$\angle EBD = \angle DBC$
　　よって，$\angle EDB = \angle EBD$　これより，$\triangle EBD$ は $EB = ED$ の二等辺三角形なので，$ED = 3$ cm　同様

に，∠FDC＝∠FCD より，△FCD は FC＝FD の二等辺三角形で，FC＝FD＝$\dfrac{14}{3}$－3＝$\dfrac{5}{3}$（cm）

EF∥BC より，AF：AC＝AE：AB＝6：9＝2：3 だから，AF：FC＝2：(3－2)＝2：1

よって，AF＝$\dfrac{5}{3}$×2＝$\dfrac{10}{3}$（cm）

(3) △CFD＝S とする。△CFD と△BDE は，底辺をそれぞれ FD，ED としたときの高さが等しいから，

△CFD と△BDE の面積比は FD：ED に等しい。よって，△CFD：△BDE＝$\dfrac{5}{3}$：3＝5：9 だから，

△BDE＝$\dfrac{9}{5}$S　△CFD と△DBC は，底辺をそれぞれ FD，BC としたときの高さが等しいから，△CFD

と△DBC の面積比は FD：BC に等しい。よって，△CFD：△DBC＝$\dfrac{5}{3}$：7＝5：21 だから，△DBC＝

$\dfrac{21}{5}$S　これより，四角形 EBCF の面積は，S＋$\dfrac{9}{5}$S＋$\dfrac{21}{5}$S＝7S　ここで，△AEF∽△ABC で，相似

比は，AE：AB＝2：3 だから，面積比は，2^2：3^2＝4：9　よって，四角形 EBCF：△ABC＝(9－4)：

9＝5：9 だから，△ABC＝$\dfrac{9}{5}$×7S＝$\dfrac{63}{5}$S　したがって，△CFD：△ABC＝S：$\dfrac{63}{5}$S＝5：63

$\boxed{2}$　右図のように A から BC に垂線をひき，交点を H とおく。BH＝$\dfrac{1}{2}$BC＝3（cm）

△ABH において，三平方の定理より，AH＝$\sqrt{AB^2－BH^2}$＝4（cm）だから，

△ABC＝$\dfrac{1}{2}$×6×4＝12（cm^2）　AH と BD の交点を G とおくと，

GH∥EC より，GH＝$\dfrac{1}{2}$EC＝$\dfrac{1}{2}$×6＝3（cm）だから，AG＝4－3＝1（cm）

よって，AG∥EC より，AD：CD＝AG：CE＝1：6 となるから，

△BCD＝△ABC×$\dfrac{6}{1＋6}$＝12×$\dfrac{6}{7}$＝$\dfrac{72}{7}$（cm^2）

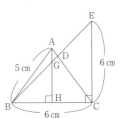

$\boxed{3}$　BC＝AD＝25cm だから，△ABC で三平方の定理より，AC＝$\sqrt{25^2－15^2}$＝20（cm）

さらに，△EAC∽△ABC なので，EA：EC：AC＝AB：AC：BC＝15：20：25＝3：4：5 から，

EC＝$\dfrac{4}{5}$AC＝16（cm），AE＝$\dfrac{3}{5}$AC＝12（cm）　よって，△AEC＝$\dfrac{1}{2}$×16×12＝96（cm^2）

次に，BE＝25－16＝9（cm），AF＝AB＝15cm で，AF∥BE より，AG：GE＝AF：BE＝15：9＝

5：3 なので，△ACG＝△AEC×$\dfrac{5}{5＋3}$＝96×$\dfrac{5}{8}$＝60（cm^2）　また，AF∥BC より，AH：HC＝AF：

BC＝15：25＝3：5　したがって，△AGH＝△ACG×$\dfrac{3}{3＋5}$＝60×$\dfrac{3}{8}$＝$\dfrac{45}{2}$（cm^2）

$\boxed{4}$　(1) AD：EB＝1：2，AD＝1cm より，EB＝2cm　したがって，DE＝5－(1＋2)＝2（cm）

△ABC は 1 辺が 5cm の正三角形で，頂点 A から辺 BC に垂線 AH をひくと，△ABH は 30°，60°の角

をもつ直角三角形となるから，AH＝5×$\dfrac{\sqrt{3}}{2}$＝$\dfrac{5\sqrt{3}}{2}$（cm）

よって，△ABC＝$\dfrac{1}{2}$×5×$\dfrac{5\sqrt{3}}{2}$＝$\dfrac{25\sqrt{3}}{4}$（cm^2）　また，平行線の同位角は等しいから，

∠EDF＝∠BAC＝60°，∠DEF＝∠ABC＝60° となり，△DEF は 1 辺が 2cm の正三角形。

したがって，その高さは，2×$\dfrac{\sqrt{3}}{2}$＝$\sqrt{3}$（cm）だから，△DEF＝$\dfrac{1}{2}$×2×$\sqrt{3}$＝$\sqrt{3}$（cm^2）

よって，求める図形の面積は，△ABC－△DEF＝$\dfrac{25\sqrt{3}}{4}$－$\sqrt{3}$＝$\dfrac{21\sqrt{3}}{4}$（cm^2）

(2) 条件より，△DEF の面積は△ABC の面積の，$100 - 36 = 64$（％）だから，△DEF：△ABC $= 64 : 100 =$ $16 : 25$　△DEF と△ABC は相似で，面積比は相似比の 2 乗に等しいから，相似比は，$\sqrt{16} : \sqrt{25} = 4 :$ 5 となる。よって，DE $= \dfrac{4}{5}$AB $= \dfrac{4}{5} \times 5 = 4$（cm）より，AD $= (5 - 4) \times \dfrac{1}{2 + 1} = \dfrac{1}{3}$（cm）

(2) 平行四辺形（四角形）

解答

出題例　① ① ア．3　イ．4　② ウ．2　② ① 30（cm²）　② $5\sqrt{2}$（cm）　③ ① 4（倍）　② $\dfrac{37}{25}$（倍）

④ ① $3\sqrt{5}$（cm）　② 20（cm²）

類題　① ① ア．7　② イ．3　ウ．1　エ．0　② ① ア．1　イ．6　② ウ．8　エ．3　オ．3

③ ① ア．6　イ．0　② ウ．6　エ．3　オ．7　④ ① ア．7　② イ．9　ウ．3

⑤ ① ア．4　② イ．2　ウ．1　⑥ ① ア．1　イ．8　② ウ．1　エ．8　オ．5

⑦ ① ア．5　イ．4　② ウ．3　エ．4　⑧ ① ア．1　イ．4　ウ．5　② エ．1　オ．0

⑨ ① ア．1　イ．0　ウ．8　② エ．4　オ．5

⑩ ① ア．7　イ．8　ウ．3　エ．5　② オ．6　カ．2　キ．4　ク．3　ケ．5

⑪ ① ア．1　イ．3　ウ．5　② エ．1　オ．7　カ．5

⑫ ① ア．3　イ．6　ウ．5　エ．3　オ．5　② カ．6　キ．2　ク．4　ケ．3　コ．5

実践問題　① (1) △ABC と△CDA において，AD∥BC より，平行線の錯角は等しいから，

∠ACB＝∠CAD……①　また，AB∥DC より，∠DAC＝∠DCA……②　AC＝CA……③

①，②，③より，1 組の辺とその両端の角がそれぞれ等しいから，△ABC≡△CDA

(2) 3（cm）　(3) $\dfrac{40}{3}$（cm²）

② (1) ウ・エ　(2) △GBC と△GDE において，対頂角は等しいから，∠BGC＝∠DGE……①

四角形 ABCD は平行四辺形なので，BC∥AD より，平行線の錯角は等しいから，

∠GBC＝∠GDE……②　①，②より，2 組の角がそれぞれ等しいので，△GBC∽△GDE

(3) ① $2\sqrt{37}$（cm）　② $\dfrac{6\sqrt{3}}{7}$（cm²）

③ (1) 正方形 ABCD の 1 辺の長さを a，線分 EP の長さを x とする。

このとき，正方形 ABCD の面積は，a^2……①　また，AD∥EF なので，∠AEF＝∠DFE＝

$90°$……②　PF＝EF－EP＝$a - x$……③

②，③から，△PAB の面積と△PCD の面積の和は，$\dfrac{1}{2}ax + \dfrac{1}{2}a(a - x) = \dfrac{1}{2}ax + \dfrac{1}{2}a^2 -$

$\dfrac{1}{2}ax = \dfrac{1}{2}a^2$……④　①，④から，△PAB の面積と△PCD の面積の和は，正方形 ABCD の

面積の $\dfrac{1}{2}$ である。よって，S さんの予想は正しい。

(2)（正方形 ABCD の 1 辺の長さ）$6\sqrt{5}$（cm）　（四角形 PIDJ の面積）42（cm²）

④ (1) $4\sqrt{2}$（cm）　(2) $12\sqrt{5} - 5$（cm²）　(3) $6 - \sqrt{30}$（cm）

解説

類題

① ① 正三角形 PQD で，点 Q から辺 PD に垂線 QH をひくと，△QDH は 30°，60° の直角三角形となる。よっ

て，QH $= \dfrac{\sqrt{3}}{2}$QD $= \sqrt{3}$ だから，CD＝QH＝$\sqrt{3}$　正三角形 PQD で，DR⊥PQ より，PR＝QR

ここで，PD∥BQ より，PD：QB = PR：QR = 1：1 だから，QB = PD = 2　AB = CD = $\sqrt{3}$ より，直角三角形 ABQ で三平方の定理より，AQ = $\sqrt{QB^2 + AB^2}$ = $\sqrt{2^2 + (\sqrt{3})^2}$ = $\sqrt{7}$

② BC = BQ + QC = BQ + HD = 2 + 1 = 3 だから，直角三角形 BCD で，BD = $\sqrt{BC^2 + CD^2}$ = $\sqrt{3^2 + (\sqrt{3})^2}$ = $2\sqrt{3}$　また，AD∥BQ より，SD：SB = AD：QB = 3：2 だから，SD = BD × $\frac{3}{3+2}$ = $2\sqrt{3}$ × $\frac{3}{5}$ = $\frac{6\sqrt{3}}{5}$　RD：RB = PR：QR = 1：1 より，RD = $\frac{1}{2}$BD = $\sqrt{3}$　よって，SR = SD － RD = $\frac{6\sqrt{3}}{5}$ － $\sqrt{3}$ = $\frac{\sqrt{3}}{5}$ だから，△QRS = $\frac{1}{2}$ × SR × QR = $\frac{1}{2}$ × $\frac{\sqrt{3}}{5}$ × 1 = $\frac{\sqrt{3}}{10}$

②　① △ABD において三平方の定理より，BD = $\sqrt{15^2 + 20^2}$ = 25 (cm)

△BED = △BCD = $\frac{1}{2}$ × 15 × 20 = 150 (cm^2) より，長方形 BEFD の面積は，150 × 2 = 300 (cm^2)

BE × 25 = 300 より，BE = 12 (cm)　△BCE において，CE = $\sqrt{20^2 - 12^2}$ = 16 (cm)

② BD∥EC より，DG：GE = BD：EC = 25：16 なので，

△BGE = △BED × $\frac{16}{16+25}$ = 150 × $\frac{16}{41}$ = $\frac{2400}{41}$ (cm^2)，△BGD = 150 － $\frac{2400}{41}$ = $\frac{3750}{41}$ (cm^2)

よって，求める面積の比は，$\frac{2400}{41}$ ：$\left(150 + \frac{3750}{41}\right)$ = $\frac{2400}{41}$ ：$\frac{9900}{41}$ = 8：33

③　① △ADF は二等辺三角形なので，∠ADF = ∠AFD　AF∥DC より，∠GDC = ∠AFD

AD∥GC より，∠CGD = ∠ADF　よって，∠GDC = ∠CGD だから，△CGD は二等辺三角形。

GC = DC = BC － BD = 11 － 3 = 8 (cm)で，EC = GC － GE = 8 － 2 = 6 (cm)より，AD = EC =

6 cm　△ABD で，BD：AD = 3：6 = 1：2 より，△ABD は 3 辺の比が 1：2：$\sqrt{3}$ の直角三角形で，∠ADB = 60°

② AF = AD = 6 cm だから，AH：CH = AF：CD = 6：8 = 3：4 より，AH = AC × $\frac{3}{3+4}$ = $\frac{3}{7}$AC

また，AI = $\frac{1}{2}$AC　よって，HI = AI － AH = $\frac{1}{2}$AC － $\frac{3}{7}$AC = $\frac{1}{14}$AC

ここで，AB = $\sqrt{3}$BD = $3\sqrt{3}$ (cm)だから，△ADC = $\frac{1}{2}$ × 8 × $3\sqrt{3}$ = $12\sqrt{3}$ (cm^2)

△DHI：△ADC = HI：AC = $\frac{1}{14}$：1 = 1：14 だから，△DHI = $12\sqrt{3}$ × $\frac{1}{14}$ = $\frac{6\sqrt{3}}{7}$ (cm^2)

④　① 右図のように，頂点 D から直線 BC に垂線 DH をひくと，

∠DCH = ∠ABC = 60° だから，△DCH は 30°，60° の直角三角形。

DC = AB = 4 cm より，DH = $\frac{\sqrt{3}}{2}$DC = $2\sqrt{3}$ (cm)，

CH = $\frac{1}{2}$DC = 2 (cm)

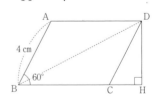

ここで，平行四辺形の面積について，BC × $2\sqrt{3}$ = $14\sqrt{3}$ が成り立つから，BC = 7 (cm)

② 直角三角形 DBH で，BH = BC + CH = 7 + 2 = 9 (cm)だから，

三平方の定理より，BD = $\sqrt{BH^2 + DH^2}$ = $\sqrt{9^2 + (2\sqrt{3})^2}$ = $\sqrt{93}$ (cm)

⑤　① △AEC と△DEC は，共通の辺 EC を底辺としたときの高さが等しいので面積が等しく，これらの三角形から△FEC を除いた△AEF と△DFC の面積も等しい。平行四辺形の対角線の性質より，△ABC と△ACD の面積が等しく，△AEF と△DFC の面積も等しいので，△ABE と△FEC を合わせた面積は，△AFD の面積と等しい 36cm^2。よって，△FEC の面積は，36 － 32 = 4 (cm^2)

② AD ∥ EC より，△FDA ∽ △FEC で，面積比が，$36 : 4 = 9 : 1 = 3^2 : 1^2$ より，相似比は，DA : EC = $3 : 1$ 平行四辺形の対辺より，AD = BC なので，BE : EC = $(3 - 1) : 1 = 2 : 1$

6 ① 点 F から辺 AD，BC にそれぞれ垂線 FP，FQ を引くと，FP + FQ = 6 (cm)　よって，△AFD + △BFC = $\dfrac{1}{2} \times 6 \times FP + \dfrac{1}{2} \times 6 \times FQ = \dfrac{1}{2} \times 6 \times (FP + FQ) = \dfrac{1}{2} \times 6 \times 6 = 18$ (cm²)

② AE = $\sqrt{AD^2 + DE^2} = \sqrt{6^2 + 3^2} = 3\sqrt{5}$ (cm)なので，△ADE の 3 辺の比は，DE : AD : AE = $3 : 6 : 3\sqrt{5} = 1 : 2 : \sqrt{5}$　ここで，線分 AE と線分 DF の交点を G とすると，点 D，F が線分 AE について対称なので，∠AGD = 90°　△AGD と△ADE について，∠AGD = ∠ADE = 90°，∠DAG = ∠EAD より，△AGD ∽ △ADE となり，△AGD の 3 辺の比も，GD : AG : AD = $1 : 2 : \sqrt{5}$　これより，GD = $\dfrac{1}{\sqrt{5}}AD = \dfrac{6}{\sqrt{5}} = \dfrac{6\sqrt{5}}{5}$ (cm)，AG = 2GD = $\dfrac{12\sqrt{5}}{5}$ (cm)となり，△AGD = $\dfrac{1}{2} \times \dfrac{6\sqrt{5}}{5} \times \dfrac{12\sqrt{5}}{5} = \dfrac{36}{5}$ (cm²)，△AFD = 2△AGD = $\dfrac{72}{5}$ (cm²)　よって，△BFC = $18 - \dfrac{72}{5} = \dfrac{18}{5}$ (cm²)

7 ① 右図のように，A と E を結ぶと，△ABC ≡ △AEC となるから，∠AEC = 90°　よって，3 点 A，C，E を通る円は，直径 AC の円となる。△ABC について，三平方の定理より，AC = $\sqrt{1^2 + 2^2} = \sqrt{5}$ (cm)だから，求める面積は，$\pi \times \left(\dfrac{\sqrt{5}}{2}\right)^2 = \dfrac{5}{4}\pi$ (cm²)

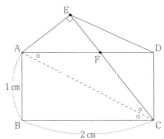

② △ABC ≡ △AEC より，∠ACB = ∠ACE　AD ∥ BC より，∠DAC = ∠ACB　したがって，∠ACE = ∠DAC だから，△FAC は二等辺三角形となる。AF = CF = x cm とすると，DF = $2 - x$ (cm)だから，△CDF について，$x^2 = (2 - x)^2 + 1^2$　整理して，$4x = 5$ より，$x = \dfrac{5}{4}$　よって，DF = $2 - \dfrac{5}{4} = \dfrac{3}{4}$ (cm)

8 ① PQ ∥ BC で，P は AB の中点なので，Q は AC の中点。中点連結定理より，PQ = $\dfrac{1}{2}BC = 6$ (cm)　直角三角形 ABC で三平方の定理より，AB = $\sqrt{BC^2 + AC^2} = \sqrt{12^2 + 16^2} = 20$ (cm)となるので，AP = $20 \times \dfrac{1}{2} = 10$ (cm)　ここで，△ABC と△ACR において，∠BAC = ∠CAR，∠ACB = ∠ARC より，2 組の角がそれぞれ等しいので，△ABC ∽ △ACR　よって，AB : AC = AC : AR となるので，$20 : 16 = 16 : AR$ より，AR = $\dfrac{64}{5}$ (cm)　よって，PR = AR － AP = $\dfrac{64}{5} - 10 = \dfrac{14}{5}$ (cm)

② PQ ∥ BC より，∠PQC = 90°で，直径に対する円周角は 90°なので，PC は 4 点 P，R，C，Q を通る円の直径になる。PQ = 6 cm，QC = $\dfrac{1}{2}AC = \dfrac{1}{2} \times 16 = 8$ (cm)なので，直角三角形 PQC において，三平方の定理より，PC = $\sqrt{PQ^2 + QC^2} = 10$ (cm)　よって，円周は，$10 \times \pi = 10\pi$ (cm)

9 ① △DAE は，∠DAE = 90°の直角二等辺三角形だから，DE = $\sqrt{2}AD = 3\sqrt{2}$　また，△CBE も∠CBE = 90°の直角二等辺三角形だから，CE = $\sqrt{2}CB = 9\sqrt{2}$　さらに，△CEF も∠CEF = 90°の直角二等辺三角形だから，EF = CE = $9\sqrt{2}$　よって，△CDF = $\dfrac{1}{2} \times DF \times CE = \dfrac{1}{2} \times (DE + EF) \times CE = \dfrac{1}{2} \times (3\sqrt{2} + 9\sqrt{2}) \times 9\sqrt{2} = 108$

② ∠CED = 90°より，3 点 C，D，E を通る円の直径は，線分 CD である。

直角三角形 CDE で三平方の定理より，$CD = \sqrt{(3\sqrt{2})^2 + (9\sqrt{2})^2} = \sqrt{18 + 162} = \sqrt{180} = 6\sqrt{5}$

よって，求める円の半径は，$\dfrac{1}{2}CD = \dfrac{1}{2} \times 6\sqrt{5} = 3\sqrt{5}$ だから，その面積は，$\pi \times (3\sqrt{5})^2 = 45\pi$

⑩ ① 右図のように点 D から辺 BC に垂線 DJ をひくと，$DJ = AB = 12$cm　$CF =$

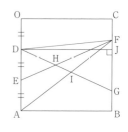

$\dfrac{1}{2}FG = GB$ より，$CF : FG : GB = 1 : 2 : 1$ だから，$CF = BG = \dfrac{1}{4}BC$

3cm　また，$OD = DE = EA = \dfrac{1}{3}OA = 4$cm なので，$CJ = OD = 4$cm

よって，$JG = BC - (GB + CJ) = 12 - (3 + 4) = 5$ (cm)だから，

△DJG で三平方の定理より，$DG = \sqrt{5^2 + 12^2} = 13$ (cm)

ここで，$FG = 3 \times 2 = 6$ (cm)　△DHE ∽△GHF より，$DH : GH = DE : FG = 4 : 6 = 2 : 3$ だから，

$DH = DG \times \dfrac{2}{2 + 3} = \dfrac{26}{5}$ (cm)　また，△DIA ∽△GIF より，$DI : GI = DA : GF = (4 \times 2) : 6 = 4 :$

3 だから，$DI = DG \times \dfrac{4}{4 + 3} = 13 \times \dfrac{4}{7} = \dfrac{52}{7}$ (cm)　よって，$HI = DI - DH = \dfrac{52}{7} - \dfrac{26}{5} = \dfrac{78}{35}$ (cm)

② △AFE $= \dfrac{1}{2} \times 4 \times 12 = 24$ (cm^2)　また，上図のように DF を結ぶと，

△DGF $= \dfrac{1}{2} \times 6 \times 12 = 36$ (cm^2)で，$△DGF : △HIF = DG : HI = 13 : \dfrac{78}{35} = 35 : 6$ だから，

△HIF $= 36 \times \dfrac{6}{35} = \dfrac{216}{35}$ (cm^2)　よって，四角形 HEAI $= 24 - \dfrac{216}{35} = \dfrac{624}{35}$ (cm^2)

⑪ ① 右図1のように直線を引き，点 E をとると，$ER /\!/ TD$ より，

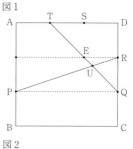

$ER : TD = RQ : DQ = 1 : 2$ なので，$TD = 1 \times 2 = 2$ (cm)より，

$ER = \dfrac{1}{2}TD = \dfrac{1}{2} \times 2 = 1$ (cm)　さらに，$PQ /\!/ ER$ より，

$PU : UR = PQ : ER = 3 : 1$　右図2のように，点 U を通り CD に

平行な直線と，PQ，BC，AD の交点をそれぞれ F，G，H とする。

このとき，$UF /\!/ RQ$ より，$UF : RQ = PU : PR = 3 : (3 + 1) = 3 :$

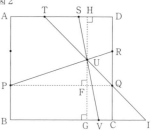

4 なので，$UF = \dfrac{3}{4}RQ = \dfrac{3}{4} \times 1 = \dfrac{3}{4}$ (cm)となり，$UG = \dfrac{3}{4} +$

$1 = \dfrac{7}{4}$ (cm)，$HU = HG - UG = 3 - \dfrac{7}{4} = \dfrac{5}{4}$ (cm)

ここで，TQ と BC の延長線の交点を I とすると，$TS /\!/ VI$ より，△TUS

∽△IUV で，高さの比が，$HU : UG = \dfrac{5}{4} : \dfrac{7}{4} = 5 : 7$ なので，相似

比は $5 : 7$。これより，$VI = \dfrac{7}{5}TS = \dfrac{7}{5} \times 1 = \dfrac{7}{5}$ (cm)

また，$CI /\!/ TD$ より，$CI : TD = QC : DQ = 1 : 2$ なので，$CI = \dfrac{1}{2}TD = 1$ (cm)　よって，$VC =$

$VI - CI = \dfrac{7}{5} - 1 = \dfrac{2}{5}$ (cm)なので，$BV = 3 - \dfrac{2}{5} = \dfrac{13}{5}$ (cm)

② △PQU $= \dfrac{1}{2} \times 3 \times \dfrac{3}{4} = \dfrac{9}{8}$ (cm^2)，四角形 PBCQ $= 3 \times 1 = 3$ (cm^2)，△CIQ $= \dfrac{1}{2} \times 1 \times 1 = \dfrac{1}{2}$

(cm^2)より，四角形 PBIU $= \dfrac{9}{8} + 3 + \dfrac{1}{2} = \dfrac{37}{8}$ (cm^2)　また，△IUV $= \dfrac{1}{2} \times \dfrac{7}{5} \times \dfrac{7}{4} = \dfrac{49}{40}$ (cm^2)

よって，四角形 PBVU ＝四角形 PBIU $-$△IUV $= \dfrac{37}{8} - \dfrac{49}{40} = \dfrac{17}{5}$ (cm^2)

12 ① $EF = 12 \times \dfrac{3}{2+3+1} = 6$, $DG = GH = HC = 12 \times \dfrac{1}{3} = 4$ となる。

$FI : IG = EF : GH = 6 : 4 = 3 : 2$ より, $FI = \dfrac{3}{5}GF$

$FJ : JG = EF : GC = 6 : 8 = 3 : 4$ より, $FJ = \dfrac{3}{7}GF$

よって, $IJ = FI - FJ = \dfrac{3}{5}GF - \dfrac{3}{7}GF = \dfrac{6}{35}GF$

ここで, 右図のように, E と G を結ぶと, $AE = DG$ より, $AD \parallel EG$

よって, $\angle GEF = 90°$ だから, $\triangle EFG$ について, 三平方の定理より, $GF =$
$\sqrt{12^2 + 6^2} = \sqrt{180} = 6\sqrt{5}$ したがって, $IJ = \dfrac{6}{35} \times 6\sqrt{5} = \dfrac{36\sqrt{5}}{35}$

② $\triangle GEF = \dfrac{1}{2} \times 12 \times 6 = 36$ $IJ = \dfrac{6}{35}GF$ より, $\triangle EIJ = \dfrac{6}{35}\triangle GEF = \dfrac{6}{35} \times 36 = \dfrac{216}{35}$

また, $\triangle EHC = \dfrac{1}{2} \times 4 \times 12 = 24$ だから, 求める面積は, $\triangle EHC - \triangle EIJ = 24 - \dfrac{216}{35} = \dfrac{624}{35}$

[実践問題]

1 (2) $\triangle ABC \equiv \triangle CDA$ より, 平行四辺形 $ABCD = 2\triangle ABC = 2 \times \left(\dfrac{1}{2} \times 8 \times CE\right) = 8 \times CE$ と表せるか

ら, 面積について, $8 \times CE = 96$ が成り立つ。よって, $CE = 12$ (cm) $\triangle BCE$ で三平方の定理より,
$BE = \sqrt{13^2 - 12^2} = \sqrt{25} = 5$ (cm) したがって, $AE = 8 - 5 = 3$ (cm)

(3) 右図のようになる。$FC = 13 - 8 = 5$ (cm)

また, $\triangle AFD = \dfrac{1}{2} \times$ 平行四辺形 $ABCD = 48$ (cm²)

$AD \parallel FC$ より, $GD : GF = AD : CF = 13 : 5$ だから,

$\triangle AFG = \triangle AFD \times \dfrac{5}{13 + 5} = 48 \times \dfrac{5}{18} = \dfrac{40}{3}$ (cm²)

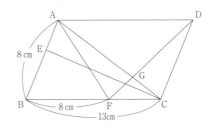

2 (1) $FE \parallel BD$ より, $\angle AFE$ (同位角) が, $AB \parallel DC$ より, $\angle BDC$ (錯角) が, $\angle ABD$ と等しい。

(3) ① 右図のように D から BC の延長上に垂線 DI を下ろすと,
$\triangle CDE$ は正三角形より, $\triangle CDI$ は30°, 60°の直角三角形となり,

$CI = \dfrac{1}{2}CD = 3$ (cm) したがって, $BI = 8 + 3 = 11$ (cm)

また, $DI = \sqrt{3}CI = 3\sqrt{3}$ (cm) $\triangle BDI$ において, $BD =$
$\sqrt{BI^2 + DI^2} = \sqrt{11^2 + (3\sqrt{3})^2} = 2\sqrt{37}$ (cm)

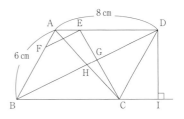

② $BG : GD = BC : ED = 8 : 6 = 4 : 3$ したがって, $BG = BD \times \dfrac{4}{4 + 3} = \dfrac{4}{7}BD$

また, $BH = \dfrac{1}{2}BD$ より, $HG = BG - BH = \dfrac{4}{7}BD - \dfrac{1}{2}BD = \dfrac{1}{14}BD$

よって, $\triangle BCD = \dfrac{1}{2} \times BC \times DI = \dfrac{1}{2} \times 8 \times 3\sqrt{3} = 12\sqrt{3}$ (cm²) だから,

$\triangle CGH = \dfrac{1}{14}\triangle BCD = \dfrac{1}{14} \times 12\sqrt{3} = \dfrac{6\sqrt{3}}{7}$ (cm²)

3 (2) 線分 PB, PD をひくと, $DJ = JA$ より, $\triangle PJD = \triangle PJA = 31$cm² 同様に, $\triangle PGB = \triangle PAG =$
34cm², $\triangle PBH = \triangle PHC$, $\triangle PDI = \triangle PIC$ ここで, $\triangle PBH + \triangle PDI = \triangle PHC + \triangle PIC = 25$ (cm²)
より, 正方形 ABCD の面積は, $\triangle PJA + \triangle PJD + \triangle PAG + \triangle PGB + (\triangle PHC + \triangle PIC) + (\triangle PBH +$

△PDI) = 31 + 31 + 34 + 34 + 25 + 25 = 180 (cm²)　よって，一辺の長さは，$\sqrt{180} = 6\sqrt{5}$ (cm)

△PAB と△PDC の面積の和は正方形 ABCD の面積の $\dfrac{1}{2}$ で，$180 \times \dfrac{1}{2} = 90$ (cm²)だから，△PCD ＝

$90 - 34 \times 2 = 22$ (cm²)　よって，$\triangle \text{PID} = \dfrac{1}{2}\triangle \text{PCD} = \dfrac{1}{2} \times 22 = 11$ (cm²)より，四角形 PIDJ ＝

△PJD ＋△PID = 31 + 11 = 42 (cm²)

④ (1) △PBQ は直角二等辺三角形だから，PB ＝ BQ ＝ x cm とおくと，$\triangle \text{PBQ} = \dfrac{1}{2}x^2$ (cm²)

これが 8 cm² だから，$\dfrac{1}{2}x^2 = 8$ を解いて，$x^2 = 16$ より，$x = \pm 4$　$x > 0$ より，$x = 4$

よって，PB ＝ 4 cm なので，PB : PQ ＝ $1 : \sqrt{2}$ より，PQ ＝ $\sqrt{2}$ PB ＝ $4\sqrt{2}$ (cm)

(2) AP ＝ $\sqrt{5}$ cm より，PB ＝ RD ＝ $(6 - \sqrt{5})$ cm　よって，六角形 APQCRS ＝正方形 ABCD －（△PBQ ＋

△RDS）＝ $6^2 - 2 \times \dfrac{1}{2} \times (6 - \sqrt{5})^2 = 36 - (36 - 12\sqrt{5} + 5) = 12\sqrt{5} - 5$ (cm²)

(3) △PBQ の面積を s cm² とすると，六角形 APQCRS の面積は $\dfrac{2}{5}s$ cm²，△RDS の面積は s cm²。

したがって，$s + \dfrac{2}{5}s + s = 6^2$ が成り立つから，これを解いて，$s = 15$

よって，$\dfrac{1}{2} \times \text{BP}^2 = 15$ より，$\text{BP}^2 = 30$　BP > 0 より，BP ＝ $\sqrt{30}$ cm なので，AP ＝ $(6 - \sqrt{30})$ cm

(3) 円・おうぎ形

解答

| 出　題　例 | ① ① 4 (cm)　② $\dfrac{1}{9}$ (倍)　② ① $\dfrac{1}{5}$ (倍)　② $2\sqrt{6}$ (cm) |

類　　題	① ① ア．5　イ．2　ウ．2　② エ．2　オ．5　カ．2　キ．1　ク．8
	② ① ア．3　イ．3　② ウ．3　エ．3　オ．2
	③ ① ア．1　イ．2　② ウ．1　エ．3　④ ① ア．6　② イ．6　ウ．2

| 実践問題 | ① (1) 30°　(2) (AF ＝) 1 (cm)　(BD ＝) $2\sqrt{3}$ (cm)　(3) $\sqrt{3} - 1$ (cm²) |
| | ② (1) 45°　(2) $2\sqrt{2} + 2\sqrt{6}$ (cm)　(3) $6 + 6\sqrt{3}$ (cm²) |

解説

類　　題

① ① AB は直径より，∠ACB ＝ 90°なので，△ABC で三平方の定理より，AC ＝ $\sqrt{15^2 - 5^2} = 10\sqrt{2}$ (cm)

△OBE と△OBC において，OE ＝ OC，OB は共通，∠OEB ＝∠OCB ＝ 90°より，

△OBE ≡△OBC となるから，BE ＝ BC ＝ 5 cm　これより，AE ＝ 15 − 5 ＝ 10 (cm)

また，△AOE と△ABC において，∠AEO ＝∠ACB ＝ 90°，∠A は共通より，△AOE ∽△ABC

よって，OE : BC ＝ AE : AC　すなわち，OE : 5 ＝ 10 : $10\sqrt{2}$ より，OE ＝ $\dfrac{5 \times 10}{10\sqrt{2}} = \dfrac{5\sqrt{2}}{2}$ (cm)

したがって，OC ＝ OE ＝ $\dfrac{5\sqrt{2}}{2}$ cm

② OD ＝ OC ＝ $\dfrac{5\sqrt{2}}{2}$ cm より，CD ＝ $\dfrac{5\sqrt{2}}{2} \times 2 = 5\sqrt{2}$ (cm)　よって，AC ＝ $10\sqrt{2}$ cm より，

AD ＝ $10\sqrt{2} - 5\sqrt{2} = 5\sqrt{2}$ (cm)となるから，OD : OA ＝ $\dfrac{5\sqrt{2}}{2} : \left(5\sqrt{2} + \dfrac{5\sqrt{2}}{2}\right) = 1 : 3$

DF ∥ AE より，△ODF ∽△OAE で，相似比は，OD : OA ＝ 1 : 3 より，面積比は，$1^2 : 3^2 = 1 : 9$

したがって，$\triangle \mathrm{ODF} = \dfrac{1}{9} \triangle \mathrm{OAE} = \dfrac{1}{9} \times \dfrac{1}{2} \times 10 \times \dfrac{5\sqrt{2}}{2} = \dfrac{25\sqrt{2}}{18}$（cm²）

2 ① 円周角の大きさは弧の長さに比例するから，$\overset{\frown}{\mathrm{DE}} = \overset{\frown}{\mathrm{EC}}$ より，$\angle \mathrm{DAE} = \dfrac{1}{2} \angle \mathrm{DAC} = 15°$　よって，

$\angle \mathrm{DCE} = \angle \mathrm{DAE} = 15°$　AC は直径だから，$\angle \mathrm{ABC} = 90°$ で，$\angle \mathrm{BAC} = 45°$，$\angle \mathrm{ACB} = 180° - 90° - $
$45° = 45°$　また，$\angle \mathrm{EBC} = \angle \mathrm{EAC} = 15°$ より，$\triangle \mathrm{CGB}$ の内角と外角の関係から，$\angle \mathrm{CGF} = \angle \mathrm{EBC} + $
$\angle \mathrm{ACB} = 15° + 45° = 60°$　$\triangle \mathrm{ACD}$ において，$\angle \mathrm{ADC} = 90°$，$\angle \mathrm{DAC} = 30°$ より，$\angle \mathrm{ACD} = 60°$
これより，$\triangle \mathrm{FGC}$ は，$\angle \mathrm{FGC} = \angle \mathrm{FCG} = 60°$ だから正三角形。ここで，$\triangle \mathrm{ABC}$ が直角二等辺三角形
であることから，$\angle \mathrm{BOG} = 90°$　これと，$\angle \mathrm{BGO} = \angle \mathrm{CGF} = 60°$ より，$\mathrm{OG} = \dfrac{1}{\sqrt{3}} \mathrm{OB} = \dfrac{1}{\sqrt{3}} \times$

$3 = \sqrt{3}$（cm）　よって，$\mathrm{FG} = \mathrm{GC} = \mathrm{OC} - \mathrm{OG} = 3 - \sqrt{3}$（cm）

② $\triangle \mathrm{BGC} = \dfrac{1}{2} \times \mathrm{GC} \times \mathrm{OB} = \dfrac{1}{2} \times (3 - \sqrt{3}) \times 3 = \dfrac{9 - 3\sqrt{3}}{2}$（cm²）　また，正三角形 FGC におい

て，F から GC に垂線を引いてその交点を H とおくと，$\angle \mathrm{FGH} = 60°$ より，$\mathrm{FH} = \dfrac{\sqrt{3}}{2} \times (3 - \sqrt{3}) =$

$\dfrac{3\sqrt{3} - 3}{2}$（cm）　これより，$\triangle \mathrm{FGC} = \dfrac{1}{2} \times (3 - \sqrt{3}) \times \dfrac{3\sqrt{3} - 3}{2} = \dfrac{6\sqrt{3} - 9}{2}$（cm²）

よって，$\triangle \mathrm{BCF} = \triangle \mathrm{BGC} + \triangle \mathrm{FGC} = \dfrac{9 - 3\sqrt{3}}{2} + \dfrac{6\sqrt{3} - 9}{2} = \dfrac{3\sqrt{3}}{2}$（cm²）

3 ① $\triangle \mathrm{BAH}$，$\triangle \mathrm{BDC}$ において，$\angle \mathrm{BHA} = \angle \mathrm{BCD} = 90°$，$\overset{\frown}{\mathrm{BC}}$ に対する円周角より，
$\angle \mathrm{BAH} = \angle \mathrm{BDC}$ だから，2 組の角がそれぞれ等しいので，$\triangle \mathrm{BAH} \backsim \triangle \mathrm{BDC}$
これより，$\mathrm{BA} : \mathrm{BH} = \mathrm{BD} : \mathrm{BC} = 10a : 8a = 5 : 4$　よって，$\mathrm{BH} = \mathrm{BA} \times \dfrac{4}{5} = 15 \times \dfrac{4}{5} = 12$（cm）

② $\mathrm{AH} = \sqrt{\mathrm{AB}^2 - \mathrm{BH}^2} = \sqrt{15^2 - 12^2} = 9$（cm）より，$\mathrm{CH} = 14 - 9 = 5$（cm）
よって，$\triangle \mathrm{BCH}$ において，$\mathrm{BC} = \sqrt{\mathrm{BH}^2 + \mathrm{CH}^2} = \sqrt{12^2 + 5^2} = 13$（cm）

4 ① $\triangle \mathrm{BAE}$ と $\triangle \mathrm{DCE}$ において，$\angle \mathrm{E}$ は共通……(1)　また，右図のよう
に，線分 AC，BD を引くと，$\angle \mathrm{BAE} = \angle \mathrm{BAC} + \angle \mathrm{DAC}$……(2)，
$\angle \mathrm{DCE} = \angle \mathrm{BDC} + \angle \mathrm{DBC}$……(3)　円周角の定理より，$\angle \mathrm{BAC} = $
$\angle \mathrm{BDC}$，$\angle \mathrm{DAC} = \angle \mathrm{DBC}$ だから，$\angle \mathrm{BAC} + \angle \mathrm{DAC} = \angle \mathrm{BDC} + $
$\angle \mathrm{DBC}$……(4)　(2)，(3)，(4)より，$\angle \mathrm{BAE} = \angle \mathrm{DCE}$……(5)
(1)，(5)より，2 組の角がそれぞれ等しいので，$\triangle \mathrm{BAE} \backsim \triangle \mathrm{DCE}$

よって，$\mathrm{BA} : \mathrm{DC} = \mathrm{AE} : \mathrm{CE}$ となる。ここで，$\mathrm{AD} = \mathrm{CD} = x$ cm とおくと，$\dfrac{42}{5} : x = (x + 8) : 10$

これを整理して，$x^2 + 8x - 84 = 0$　左辺を因数分解して，$(x + 14)(x - 6) = 0$　$x > 0$ より，$x = 6$
② $\mathrm{CE}^2 = 10^2 = 100$，$\mathrm{CD}^2 = 6^2 = 36$，$\mathrm{DE}^2 = 8^2 = 64$ より，$\mathrm{CE}^2 = \mathrm{CD}^2 + \mathrm{DE}^2$ が成り立つから，
$\angle \mathrm{CDE} = 90°$　よって，$\angle \mathrm{ADC} = 90°$ となるから，AC は円の直径とわかる。さらに，$\mathrm{AD} = \mathrm{CD}$ より，
$\triangle \mathrm{ADC}$ は直角二等辺三角形だから，求める直径は，$\mathrm{AC} = \sqrt{2}\mathrm{CD} = 6\sqrt{2}$（cm）

実践問題

1 (1) $\overset{\frown}{\mathrm{AD}}$ の円周角より，$\angle \mathrm{ACD} = \angle \mathrm{ABD} = 30°$

(2) $\triangle \mathrm{ABF}$ は，$\angle \mathrm{ABF} = 30°$，$\angle \mathrm{AFB} = 90°$ の直角三角形だから，$\mathrm{AF} = \dfrac{1}{2} \mathrm{AB} = \dfrac{1}{2} \times 2 = 1$（cm）

また，$\mathrm{BF} = \sqrt{3} \mathrm{AF} = \sqrt{3} \times 1 = \sqrt{3}$（cm）　$\triangle \mathrm{ABD}$ は $\mathrm{AB} = \mathrm{AD}$ の二等辺三角形だから，
$\mathrm{BF} = \mathrm{DF}$　よって，$\mathrm{BD} = 2\mathrm{BF} = 2 \times \sqrt{3} = 2\sqrt{3}$（cm）

(3) △ABEと△BCAにおいて，AB = ADより，∠ABE =∠ADB，$\overset{\frown}{AB}$ の円周角より，∠ACB =∠ADB

だから，∠ABE =∠ACB……①　また，AC = BCより，∠BAE =∠CBA……②

①，②より，△ABE ∽△BCAとなるから，∠AEB =∠BAC

よって，△ABEは二等辺三角形だから，BE = AB = 2 cmより，DE = BD − BE = $(2\sqrt{3} − 2)$ cm

したがって，△AED = $\dfrac{1}{2}$ × $(2\sqrt{3} − 2)$ × 1 = $\sqrt{3} − 1$ (cm²)

2 (1) ABは直径だから，ABの中点Oは円の中心。$\overset{\frown}{AB}=\overset{\frown}{AC}$ だから，∠AOC = 180° × $\dfrac{1}{2}$ = 90°

よって，$\overset{\frown}{AC}$ の円周角と中心角の関係より，∠ADC = $\dfrac{1}{2}$ ∠AOC = $\dfrac{1}{2}$ × 90° = 45°

(2) 右図のように点CからADに垂線CHを引く。△CDHは，∠CDH = 45°より，直角二等辺三角形で，CD = OD = $\dfrac{1}{2}$ AB = 4 (cm)だから，

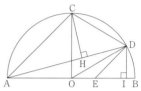

CH = DH = $\dfrac{1}{\sqrt{2}}$ CD = $\dfrac{\sqrt{2}}{2}$ × 4 = $2\sqrt{2}$ (cm)　また，△CODは正三

角形より，∠COD = 60°だから，$\overset{\frown}{CD}$ の中心角と円周角の関係より，∠CAH = $\dfrac{1}{2}$ ∠COD = $\dfrac{1}{2}$ ×

60° = 30°　これより，△CAHは30°，60°の直角三角形だから，AH = $\sqrt{3}$ CH = $\sqrt{3}$ × $2\sqrt{2}$ = $2\sqrt{6}$

(cm)　よって，AD = DH + AH = $2\sqrt{2}$ + $2\sqrt{6}$ (cm)

(3) 上図のように点DからABに垂線DIを引くと，∠DOI = 90° −∠COD = 90° − 60° = 30°だから，

△DOIは30°，60°の直角三角形となり，DI = $\dfrac{1}{2}$ OD = 2 (cm)，OI = $\sqrt{3}$ DI = $2\sqrt{3}$ (cm)　また，

CA∥DEより，∠DEI =∠CAO = 45°なので，△DEIは直角二等辺三角形となり，EI = DI = 2 cm

これより，OE = OI − EI = $2\sqrt{3}$ − 2 (cm)となるから，AE = AO + OE = 4 + $2\sqrt{3}$ − 2 = 2 +

$2\sqrt{3}$ (cm)　したがって，△ADE = $\dfrac{1}{2}$ × AE × DI = $\dfrac{1}{2}$ × $(2 + 2\sqrt{3})$ × 2 = 2 + $2\sqrt{3}$ (cm²)

△ACD = $\dfrac{1}{2}$ × AD × CH = $\dfrac{1}{2}$ × $(2\sqrt{2} + 2\sqrt{6})$ × $2\sqrt{2}$ = 4 + $4\sqrt{3}$ (cm²)

よって，四角形AEDC =△ADE +△ACD = $(2 + 2\sqrt{3})$ + $(4 + 4\sqrt{3})$ = 6 + $6\sqrt{3}$ (cm²)

§3．空間図形の計量
(1) 立方体・直方体

解答

| 出題例 | 1 ① $\sqrt{11}$ (cm)　② $\dfrac{10\sqrt{3}}{3}$π (cm³)　2 ① 7 (cm)　② 48 (cm³) |

| 類題 | 1 ① ア．1　イ．0　ウ．6　② エ．1　オ．8　カ．1　キ．0　ク．6　ケ．9　コ．0 |

2 ① ア．3　イ．2　② ウ．2　エ．1　オ．2　3 ① ア．2　イ．6　② ウ．1　エ．2

4 ① ア．6　イ．3　② ウ．2　エ．4

| 実践問題 | 1 (1) 5 (cm)　(2) 84π (cm³)　2 (1) 辺EH，辺FG　(2) $\sqrt{26}$ (cm)　(3) $\dfrac{25}{9}$ (cm³) |

3 (1) $\sqrt{85}$ (cm)　(2) 45 (cm³)　4 ① $3\sqrt{5}$ (cm)　② $9\sqrt{6}$ (cm²)　③ $2\sqrt{6}$ (cm)

解説

類題

1 ① △BCFで三平方の定理より，CF = $\sqrt{BC^2 + BF^2}$ = $\sqrt{9^2 + 12^2}$ = 15 (cm)だから，

$CP = PQ = QF = \dfrac{1}{3}CF = \dfrac{1}{3} \times 15 = 5$ (cm) $\triangle DCP$ は $\angle DCP = 90°$ の直角三角形だから，

$DP = \sqrt{DC^2 + CP^2} = \sqrt{9^2 + 5^2} = \sqrt{106}$ (cm)

② 右図のように，点 P，Q から線分 DE に垂線を引き，その交点をそれぞれ J，K とすると，DJ = JK = KE = 5 cm，PJ = QK = 9 cm，DP = EQ = $\sqrt{106}$ cm より，求める立体の表面積は，(底面の半径が PJ で，高さが DJ の円すいの側面積) + (底面の半径が QK で，高さが JK の円柱の側面積) + (底面の半径が QK で，高さが KE の円すいの側面積) = $\left\{ \pi \times (\sqrt{106})^2 \times \dfrac{2\pi \times 9}{2\pi \times \sqrt{106}} \right\} + (2\pi \times 9 \times 5) +$

$\left\{ \pi \times (\sqrt{106})^2 \times \dfrac{2\pi \times 9}{2\pi \times \sqrt{106}} \right\} = 9\sqrt{106}\pi + 90\pi + 9\sqrt{106}\pi = (18\sqrt{106} + 90)\pi$ (cm^2)

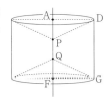

2 ① $\triangle ADE = \dfrac{1}{2} \times 3 \times 3 = \dfrac{9}{2}$ (cm^2) また，P から AE に垂線 PR をひくと，PR∥FE より，PR：FE = AP：AF = 1：3 なので，PR = $\dfrac{1}{3}$FE = 1 (cm) よって，求める体積は，$\dfrac{1}{3} \times \dfrac{9}{2} \times 1 = \dfrac{3}{2}$ (cm^3)

② DG = AF = $\sqrt{2}$AE = $3\sqrt{2}$ (cm) 1 回転させると右図のような，半径 3 cm，高さ $3\sqrt{2}$ cm の円柱から，半径 3 cm，高さ $\sqrt{2}$ cm の円錐を 2 つ取り除いた立体ができる。よって，$\pi \times 3^2 \times 3\sqrt{2} - \left(\dfrac{1}{3} \times \pi \times 3^2 \times \sqrt{2} \right) \times 2 = 21\sqrt{2}\pi$ (cm^3)

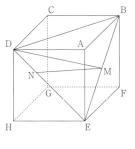

3 ① DE = AB = 4 だから，直角三角形 BDE で三平方の定理より，BD = $\sqrt{BE^2 + DE^2} = \sqrt{3^2 + 4^2} = \sqrt{25} = 5$ $\triangle DCF \equiv \triangle DBE$ だから，DC = DB = 5 $\triangle DBC$ は DC = DB の二等辺三角形だから，点 D から辺 BC に垂線 DH をひくと，BH = $\dfrac{1}{2}$BC = 1 直角三角形 DBH で，DH = $\sqrt{BD^2 - BH^2} = \sqrt{5^2 - 1^2} = \sqrt{24} = 2\sqrt{6}$ よって，$\triangle DBC = \dfrac{1}{2} \times BC \times DH = \dfrac{1}{2} \times 2 \times 2\sqrt{6} = 2\sqrt{6}$

② $\triangle ABC$ の面積を S とすると，三角柱 ABC—DEF の体積は 3S，三角錐 D—ABC の体積は，$\dfrac{1}{3} \times S \times 3 = S$ と表される。よって，三角錐 D—ABC と四角錐 D—BCFE の体積比は，S：(3S − S) = S：2S = 1：2

4 ① 右図で，$\triangle ABD$ は直角二等辺三角形だから，DB = $\sqrt{2}$AB = $6\sqrt{2}$ (cm) $\triangle BDE$ は 1 辺が $6\sqrt{2}$ cm の正三角形で，点 M は線分 BE の中点だから，$\triangle DEM$ は 30°，60° の直角三角形である。したがって，DM = $\dfrac{\sqrt{3}}{2}$DE = $3\sqrt{6}$ (cm)だから，$\triangle BDE = \dfrac{1}{2} \times 6\sqrt{2} \times 3\sqrt{6} = 18\sqrt{3}$ (cm^2) $\triangle DME = \dfrac{1}{2} \triangle BDE$ だから，$\triangle EMN = \triangle DME \times \dfrac{2}{1+2} = \dfrac{1}{2} \triangle BDE \times \dfrac{2}{3} = \dfrac{1}{3} \triangle BDE = \dfrac{1}{3} \times 18\sqrt{3} = 6\sqrt{3}$ (cm^2)

② 四角錐 A—MBDN と三角錐 A—BDE の底面をそれぞれ四角形 MBDN，$\triangle BDE$ とすると高さが等しいので，体積の比は底面積の比となる。四角形 MBDN = $\triangle BDE - \triangle EMN = \triangle BDE - \dfrac{1}{3} \triangle BDE = \dfrac{2}{3} \triangle BDE$ より，四角形 MBDN：$\triangle BDE = 2：3$ よって，$\dfrac{1}{3} \times \left(\dfrac{1}{2} \times 6 \times 6 \right) \times 6 \times \dfrac{2}{3} = 24$ (cm^3)

実践問題

1 (1) △ABD において，三平方の定理より，BD $= \sqrt{AB^2 + AD^2} = \sqrt{6^2 + 8^2} = 10$ (cm)

中点連結定理より，EF $= \dfrac{1}{2}$BD $= 5$ (cm)

(2) 底面が半径 AB の円で高さが AD の円すいから，底面が半径 AF の円で高さが AE の円すいを除いた立体となる。よって，求める体積は，$\dfrac{1}{3} \times \pi \times 6^2 \times 8 - \dfrac{1}{3} \times \pi \times 3^2 \times 4 = 96\pi - 12\pi = 84\pi$ (cm³)

2 (1) 辺 AB とねじれの位置にあるのは，辺 EH，FG，DH，CG。また，面 ABCD と平行なのは，辺 EF，FG，GH，EH。よって，求める辺は，辺 EH と辺 FG。

(2) 線分 DI が円すいの母線となる。直角三角形 EFH で，三平方の定理より，FH $= \sqrt{2^2 + 6^2} = \sqrt{40} = 2\sqrt{10}$ (cm)　ここで，I は長方形 EFGH の 2 本の対角線の交点だから，HI $= \dfrac{1}{2}$FH $= \sqrt{10}$ cm

よって，直角三角形 DHI で，DI $= \sqrt{4^2 + (\sqrt{10})^2} = \sqrt{26}$ (cm)

(3) DP + PQ + QG が最小になるのは，右図のように，面 ABCD，面 ABFE，面 BCGF の展開図で，線分 DG と，辺 AB，辺 BF との交点をそれぞれ P，Q としたとき。AP ∥ EG より，AP : EG = DA : DE だから，

AP : (6 + 2) = 2 : (2 + 4) より，6AP = 16

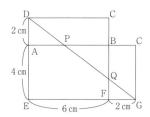

これより，AP $= \dfrac{8}{3}$ cm なので，BP $= 6 - \dfrac{8}{3} = \dfrac{10}{3}$ (cm)

同様に，QF ∥ DE より，QF : DE = GF : GE だから，

QF : (2 + 4) = 2 : (2 + 6) となり，QF $= \dfrac{3}{2}$ cm　よって，BQ $= 4 - \dfrac{3}{2} = \dfrac{5}{2}$ (cm)より，

三角すい BPQC の体積は，$\dfrac{1}{3} \times \left(\dfrac{1}{2} \times \dfrac{10}{3} \times \dfrac{5}{2} \right) \times 2 = \dfrac{25}{9}$ (cm³)

3 (1) △AEF で三平方の定理より，AF $= \sqrt{7^2 + 6^2} = \sqrt{85}$ (cm)

(2) 直方体 ABCD－EFGH $= 5 \times 6 \times 7 = 210$ (cm³)　CP $= 7 - 2 = 5$ (cm)だから，四角錐 A－BFPC $= \dfrac{1}{3} \times \left\{ \dfrac{1}{2} \times (7 + 5) \times 5 \right\} \times 6 = 60$ (cm³)　四角錐 A－DCPH $= \dfrac{1}{3} \times \left\{ \dfrac{1}{2} \times (7 + 5) \times 6 \right\} \times 5 = 60$ (cm³)

三角錐 A－EFH $= \dfrac{1}{3} \times \left(\dfrac{1}{2} \times 6 \times 5 \right) \times 7 = 35$ (cm³)　三角錐 P－FGH $= \dfrac{1}{3} \times \left(\dfrac{1}{2} \times 6 \times 5 \right) \times 2 = 10$ (cm³)　よって，四面体 AHFP $= 210 - (60 + 60 + 35 + 10) = 45$ (cm³)

4 ① JH $= \dfrac{1}{2}$DH $= 3$ (cm)　△JHE で三平方の定理より，EJ $= \sqrt{3^2 + 6^2} = 3\sqrt{5}$ (cm)

② JI $= $ DB $= \sqrt{2}$AB $= 6\sqrt{2}$ (cm)　△EJI は EJ $=$ EI の二等辺三角形だから，E から JI に垂線 EK をひくと，JK $= \dfrac{1}{2}$JI $= 3\sqrt{2}$ (cm)　よって，EK $= \sqrt{EJ^2 - JK^2} = \sqrt{(3\sqrt{5})^2 - (3\sqrt{2})^2} = 3\sqrt{3}$ (cm)だから，△EIJ $= \dfrac{1}{2} \times$ JI $\times$ EK $= \dfrac{1}{2} \times 6\sqrt{2} \times 3\sqrt{3} = 9\sqrt{6}$ (cm²)

③ 三角すい P の体積は，△AEI を底面とみると高さは 6 cm だから，$\dfrac{1}{3} \times$△AEI $\times 6 = \dfrac{1}{3} \times \left(\dfrac{1}{2} \times 6 \times 6 \right) \times 6 = 36$ (cm³)　よって，面 EIJ を底面としたときの高さを h cm とおくと，体積について，$\dfrac{1}{3} \times 9\sqrt{6} \times h = 36$ が成り立つ。これを解いて，$h = 2\sqrt{6}$

(2) 角すい・円すい

解答

出題例 　$\boxed{1}$ ① $36\sqrt{7}$ （cm³）　② $\dfrac{3\sqrt{14}}{2}$ （cm）　$\boxed{2}$ ① $\dfrac{8}{3}$ （cm）　② $\dfrac{5}{9}$ （倍）

　　　　$\boxed{3}$ ① $\dfrac{4}{3}$ （cm）　② $2\sqrt{13}$ （cm）

類　題 　$\boxed{1}$ ① ア. 6 ② イ. 2 ウ. 3

　　　　$\boxed{2}$ ① ア. 4 イ. 3 ② ウ. 1 エ. 2 オ. 1 カ. 3 キ. 1 ク. 3

　　　　$\boxed{3}$ ① ア. 1 イ. 8 ウ. 2 ② エ. 3 オ. 2　$\boxed{4}$ ① ア. 1 イ. 2 ウ. 3 ② エ. 1 オ. 4

　　　　$\boxed{5}$ ① ア. 2 イ. 1 ウ. 5 ② エ. 7 オ. 1

　　　　$\boxed{6}$ ① ア. 2 イ. 1 ウ. 3 ② エ. 1 オ. 2 カ. 4

実践問題 　$\boxed{1}$ (1) $\sqrt{13}$ （cm）　(2) 5：3　(3) $\dfrac{15\sqrt{39}}{52}$ （cm）

　　　　$\boxed{2}$ (1) 72 （cm³）　(2)（EG =）$3\sqrt{5}$ （cm）　（面積）$9\sqrt{6}$ （cm²）　(3) $3\sqrt{6}$ （cm）

　　　　$\boxed{3}$ 5 （倍）　$\boxed{4}$ (1) ① 4 （cm）　② $\dfrac{32}{3}$ （cm³）　(2) ① $\dfrac{3}{2}$ （cm）　② $\dfrac{3\sqrt{3}}{2}$ （cm）

　　　　$\boxed{5}$ (1)（イ）　(2) $\dfrac{5\sqrt{13}}{2}$ （cm）　(3) 24：1

　　　　$\boxed{6}$ (1) $\dfrac{8}{27}$ （倍）　(2) $4\sqrt{10}$ （cm²）　(3) $4\sqrt{7}$ （cm）

解説

類　題

$\boxed{1}$ ① △EFH で三平方の定理より，FH $= \sqrt{4^2+2^2} = 2\sqrt{5}$　IG $= 2$CG $= 2\times1 = 2$ より，IF $= \sqrt{2^2+2^2} =$
$2\sqrt{2}$　また，IH $= \sqrt{2^2+4^2} = 2\sqrt{5}$　よって，△IHF は，FH $=$ IH の二等辺三角形となるので，底辺
を IF としたときの高さは，$\dfrac{1}{2}$IF $= \dfrac{1}{2} \times 2\sqrt{2} = \sqrt{2}$ より，$\sqrt{(2\sqrt{5})^2 - (\sqrt{2})^2} = 3\sqrt{2}$　したがっ
て，△IHF $= \dfrac{1}{2} \times 2\sqrt{2} \times 3\sqrt{2} = 6$

② 四面体 IHFC $=$ 三角すい IHFG $-$ 三角すい CHFG $= \dfrac{1}{3} \times \dfrac{1}{2} \times 4 \times 2 \times 2 - \dfrac{1}{3} \times \dfrac{1}{2} \times 4 \times 2 \times 1 =$
$\dfrac{4}{3}$　点 C と平面 IHF との距離を h とすると，h は，三角すい IHFC において，点 C から△IHF に下ろし
た垂線の長さと等しいので，$\dfrac{1}{3} \times$△IHF $\times h = \dfrac{4}{3}$ が成り立つ。よって，$\dfrac{1}{3} \times 6 \times h = \dfrac{4}{3}$ より，$h = \dfrac{2}{3}$

$\boxed{2}$ ① △ABC は正三角形なので，△ACM は 30°，60° の角をもつ直角三角形。よって，CM $= \dfrac{\sqrt{3}}{2}$AC $= \dfrac{\sqrt{3}}{2}$
$\times 4 = 2\sqrt{3}$　OM $=$ CM $= 2\sqrt{3}$ なので，△OMC は 1 辺の長さが $2\sqrt{3}$ の正三角形。よって，底辺を
OC とすると高さは，$\dfrac{\sqrt{3}}{2}$OC $= \dfrac{\sqrt{3}}{2} \times 2\sqrt{3} = 3$ なので，△OMC $= \dfrac{1}{2} \times 2\sqrt{3} \times 3 = 3\sqrt{3}$　OM
$\perp$ AB，CM $\perp$ AB より，AB $\perp$△OMC なので，三角すい A—OMC $= \dfrac{1}{3} \times$△OMC $\times$ AM $= \dfrac{1}{3} \times$
$3\sqrt{3} \times 2 = 2\sqrt{3}$　三角すい A—OMC と三角すい B—OMC は合同なので，四面体 OABC $=$ 三角すい
A—OMC $\times 2 = 2\sqrt{3} \times 2 = 4\sqrt{3}$

② 右図のように，△OBC は BC＝BO の二等辺三角形。B から CO に垂線をひき，交

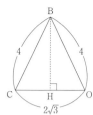

点を H とおくと，$CH = \frac{1}{2}CO = \frac{1}{2} \times 2\sqrt{3} = \sqrt{3}$ より，

△BCH で，$BH = \sqrt{BC^2 - CH^2} = \sqrt{4^2 - (\sqrt{3})^2} = \sqrt{13}$

これより，$\triangle OBC = \frac{1}{2} \times 2\sqrt{3} \times \sqrt{13} = \sqrt{39}$

よって，A から△OBC に下ろした垂線の長さを h とおくと，$\frac{1}{3} \times \triangle OBC \times h =$ 四面体 OABC より，

$\frac{1}{3} \times \sqrt{39} \times h = 4\sqrt{3}$ が成り立つ。これを解いて，$h = \frac{12\sqrt{13}}{13}$

③ ① BC の中点を H とすると，OH ⊥ BC，AH ⊥ BC より，△OAH ⊥ BC なので，正四面体 OABC は，底面がともに△OAH で高さがそれぞれ BH，CH の
2 つの合同な三角すいに分けることができる。このとき，△OBH と△ABH

はともに 30°，60° の角をもつ直角三角形で，$OH = AH = 6 \times \frac{\sqrt{3}}{2} = 3\sqrt{3}$

(cm) これより，△OAH は二等辺三角形で，右図 1 のように点 H から OA
に垂線 HI を引くと，$AI = 6 \div 2 = 3$ (cm) より，
$HI = \sqrt{AH^2 - AI^2} = \sqrt{(3\sqrt{3})^2 - 3^2} = 3\sqrt{2}$ (cm)

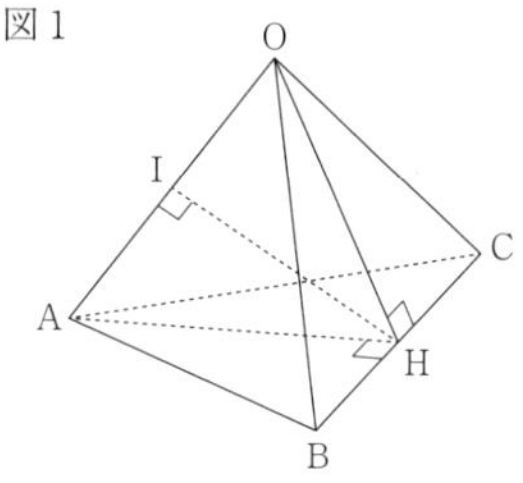

図1

よって，三角すい $OABH = \frac{1}{3} \times \triangle OAH \times BH = \frac{1}{3} \times \left(\frac{1}{2} \times 6 \times 3\sqrt{2}\right) \times 3 = 9\sqrt{2}$ (cm³) より，

正四面体 OABC ＝三角すい $OABH \times 2 = 9\sqrt{2} \times 2 = 18\sqrt{2}$ (cm³)

② 右図 2 のような正四面体の展開図の一部において，AD と OB の交点を P
とすれば，AP ＋ PD が最小となる。このとき，OD ∥ AB より，
△ODP ∽△BAP で，OP：BP ＝ OD：BA ＝ 1：2
よって，$OP = OB \times \frac{1}{1+2} = 6 \times \frac{1}{3} = 2$ (cm)

図2

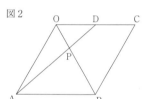

三角すい OAPD と正四面体 OABC は，ともに点 A から面 OBC に引いた垂線を高さとすると，高さが
等しいので体積比は底面積の比に等しいことがわかる。ここで，△OBC ＝ S とおくと，$\triangle OBD = \frac{1}{2}S$

OP：OB ＝ 2：6 ＝ 1：3 なので，$\triangle OPD = \triangle OBD \times \frac{1}{3} = \frac{1}{2}S \times \frac{1}{3} = \frac{1}{6}S$

よって，三角すい OAPD の体積も正四面体 OABC の体積の $\frac{1}{6}$ なので，$18\sqrt{2} \times \frac{1}{6} = 3\sqrt{2}$ (cm³)

④ ① △ABC は正三角形だから，その高さは，$12 \times \frac{\sqrt{3}}{2} = 6\sqrt{3}$ (cm) で，$\triangle ABC = \frac{1}{2} \times 12 \times 6\sqrt{3} =$

$36\sqrt{3}$ (cm²) ここで，△ABQ と△ABC は，底辺をそれぞれ AQ，AC とすると高さが等しいので，面
積の比は底辺の比と等しく，△ABQ：△ABC ＝ AQ：AC ＝ 2：(2 + 1) ＝ 2：3

これより，$\triangle ABQ = 36\sqrt{3} \times \frac{2}{3} = 24\sqrt{3}$ (cm²)

同様に，△APQ：△ABQ ＝ AP：AB ＝ 1：(1 + 1) ＝ 1：2 なので，

$\triangle APQ = 24\sqrt{3} \times \frac{1}{2} = 12\sqrt{3}$ (cm²)

② 四面体 APQR と四面体 ABCD の底面をそれぞれ，△APQ，△ABC とす

る と，①より，△APQ の面積は△ABC の面積の，$\dfrac{12\sqrt{3}}{36\sqrt{3}} = \dfrac{1}{3}$（倍）

また，右図のように，点 R，D からそれぞれ底面に垂線 RH，DI をひくと，

RH ∥ DI より，RH : DI = AR : AD = 3 : (3 + 1) = 3 : 4

つまり，四面体 APQR の高さは四面体 ABCD の高さの $\dfrac{3}{4}$ 倍。

よって，四面体 APQR の面積は四面体 ABCD の面積の，$\dfrac{1}{3} \times \dfrac{3}{4} = \dfrac{1}{4}$（倍）

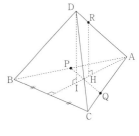

⑤ ① 右図は三角錐 D―ABC の展開図の一部である。AC と BD の交点に P をとると

き，AP + PC が最小となる。このとき，BP = x とすると，DP = 8 − x

∠APB = ∠APD = 90° より，AP^2 を 2 通りに表して，

$8^2 - (8 - x)^2 = 4^2 - x^2$

展開して整理すると，$16x = 16$　よって，$x = 1$　したがって，

AP = PC = $\sqrt{4^2 - 1^2} = \sqrt{15}$ より，AP + PC = $\sqrt{15} + \sqrt{15} = 2\sqrt{15}$

② ∠DPA = ∠DPC = 90° より，DP ⊥△APC，BP ⊥△APC

また，BP = 1 より，DP = 8 − 1 = 7　よって，三角錐 DAPC と三角錐 BAPC は底面 APC が共通より，

高さの比が体積の比になるから，三角錐 DAPC : 三角錐 BAPC = DP : BP = 7 : 1

⑥ ① 右図のように展開図で考えると，2 点 P，Q が線分 AM 上にあると

き，AP + PQ + QM の値が最小になる。M から AA$_1$ に垂線 ME

をひくと，△MEA$_1$ は 30°，60° の直角三角形。MA$_1$ = $\dfrac{1}{2} \times 4 = 2$

だから，ME = $\dfrac{\sqrt{3}}{2}$MA$_1$ = $\dfrac{\sqrt{3}}{2} \times 2 = \sqrt{3}$　AE = AA$_1$ − EA$_1$

で，EA$_1$ = $\dfrac{1}{2}$MA$_1$ = $\dfrac{1}{2} \times 2 = 1$ だから，AE = 4 × 2 − 1 = 7

よって，直角三角形 AEM において，三平方の定理より，

AM = $\sqrt{7^2 + (\sqrt{3})^2} = 2\sqrt{13}$

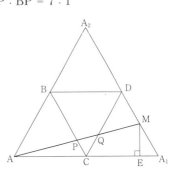

② PC ∥ MA$_1$ で，C は AA$_1$ の中点だから，中点連結定理より，PC = $\dfrac{1}{2}$MA$_1$ = $\dfrac{1}{4}$BC　また，PC ∥

DM より，△PCQ ∽△MDQ　QC : QD = PC : MD = 1 : 2 より，QC = CD × $\dfrac{1}{1 + 2} = \dfrac{1}{3}$CD

よって，△PCQ の面積は△BCD の面積の，$\dfrac{1}{4} \times \dfrac{1}{3} = \dfrac{1}{12}$（倍）

一方，四面体 MPCQ の底面を△PCQ，正四面体 ABCD の底面を△BCD としたとき，

高さの比は 1 : 2 だから，四面体 MPCQ の体積は正四面体 ABCD の体積の，$\dfrac{1}{12} \times \dfrac{1}{2} = \dfrac{1}{24}$（倍）

⎡実践問題⎤

① (1) △OBC は二等辺三角形だから，OM ⊥ BC となる。

よって，△OBM で三平方の定理より，OM = $\sqrt{OB^2 - BM^2} = \sqrt{4^2 - (\sqrt{3})^2} = \sqrt{13}$ (cm)

(2) 側面の△OBC と△OCA の展開図において，線分 AN と線分 NB の長さの和が最も小さくなるのは，

次図 1 のように，3 点 A，N，B が一直線上に並ぶときである。このとき，AB ⊥ OC だから，

∠BNC = ∠OMC = 90° で，共通な角より，∠BCN = ∠OCM なので，△BCN ∽△OCM

これより，BC：OC ＝ NC：MC なので，$2\sqrt{3}：4 = NC：\sqrt{3}$ より，$4NC = 6$ となり，$NC = \dfrac{3}{2}$ (cm)

よって，$ON = OC - NC = 4 - \dfrac{3}{2} = \dfrac{5}{2}$ (cm)だから，$ON：NC = \dfrac{5}{2}：\dfrac{3}{2} = 5：3$

(3) 次図 1 において AB ⊥ OC だから，次図 2 においても，BN ⊥ ON，AN ⊥ ON であり，ON ⊥ 面 ABN

また，辺 AB の中点を K とすると，$AN^2 = OA^2 - ON^2 = 4^2 - \left(\dfrac{5}{2}\right)^2 = \dfrac{39}{4}$ より，$NK = \sqrt{AN^2 - AK^2} =$

$\sqrt{\dfrac{39}{4} - (\sqrt{3})^2} = \dfrac{3\sqrt{3}}{2}$ (cm) これより，$\triangle NAB = \dfrac{1}{2} \times 2\sqrt{3} \times \dfrac{3\sqrt{3}}{2} = \dfrac{9}{2}$ (cm²)だから，三角錐

$OABN = \dfrac{1}{3} \times \dfrac{9}{2} \times \dfrac{5}{2} = \dfrac{15}{4}$ (cm³) ここで，$\triangle OAB = \triangle OBC = \dfrac{1}{2} \times 2\sqrt{3} \times \sqrt{13} = \sqrt{39}$ (cm²)

だから，面 OAB と点 N との距離を h cm とおくと，三角錐 OABN の体積について，$\dfrac{1}{3} \times \sqrt{39} \times h =$

$\dfrac{15}{4}$ が成り立つ。これを解いて，$h = \dfrac{15\sqrt{39}}{52}$

図1

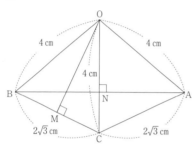

図2

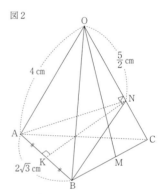

2 (1) △ABC を底面，BE を高さとすると，$\dfrac{1}{3} \times \left(\dfrac{1}{2} \times 6\sqrt{2} \times 6\sqrt{2}\right) \times 6 = 72$ (cm³)

(2) △ABC は直角二等辺三角形だから，$AB = \sqrt{2}AC = \sqrt{2} \times 6\sqrt{2} = 12$

(cm) よって，$BG = AB \times \dfrac{1}{3+1} = \dfrac{1}{4}AB = \dfrac{1}{4} \times 12 = 3$ (cm)だから，

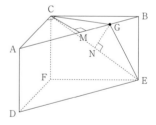

△BGE において三平方の定理より，$EG = \sqrt{BG^2 + BE^2} = \sqrt{3^2 + 6^2} =$
$3\sqrt{5}$ (cm) また，右図のように，C から AB に垂線 CM を下ろすと，
△CMB は直角二等辺三角形となるから，CM = BM = 6 cm，MG = 6 −
3 = 3 (cm) したがって，MG = BG，CM = EB，∠CMG = ∠EBG
より，△MGC ≡ △BGE となり，$CG = EG = 3\sqrt{5}$ cm G から CE に垂線 GN を下ろすと，N は CE
の中点で，$CE = \sqrt{CB^2 + BE^2} = \sqrt{(6\sqrt{2})^2 + 6^2} = \sqrt{108} = 6\sqrt{3}$ (cm)より，$CN = 3\sqrt{3}$ cm
△CGN について，$GN = \sqrt{CG^2 - CN^2} = \sqrt{(3\sqrt{5})^2 - (3\sqrt{3})^2} = \sqrt{18} = 3\sqrt{2}$ (cm)
よって，$\triangle CEG = \dfrac{1}{2} \times CE \times GN = \dfrac{1}{2} \times 6\sqrt{3} \times 3\sqrt{2} = 9\sqrt{6}$ (cm²)

(3) △AGE を底面とすると，三角錐 $CAGE = \dfrac{1}{3} \times \dfrac{1}{2} \times (12 - 3) \times 6 \times 6 = 54$ (cm³) よって，点 A と

平面 P との距離を h cm とすると，三角錐 ACEG の体積について，$\dfrac{1}{3} \times 9\sqrt{6} \times h = 54$ が成り立つ。

これを解いて，$h = \dfrac{18}{\sqrt{6}} = 3\sqrt{6}$

③ 点 P，Q はそれぞれ辺 BC，BD の中点であることから，△BCD ∽ △BPQ で，相似比は 2：1 だから，面積比は，$2^2 : 1^2 = 4 : 1$　点 A，R からそれぞれ面 BCD に垂線 AH，RI をひくと，AH ∥ RI だから，AH：RI = AB：RB = (4 + 1)：4 = 5：4

よって，(三角錐 A—BCD)：(三角錐 R—BPQ) = $\left(\dfrac{1}{3} \times 4 \times 5\right) : \left(\dfrac{1}{3} \times 1 \times 4\right) = 5 : 1$ より，5 倍。

④ (1)① OP：OA = (6 − 2)：6 = 4：6 = 2：3，OD：OB = 2：(2 + 1) = 2：3 より，

PD ∥ AB となるから，PD = $\dfrac{2}{3}$AB = 4 (cm)

② △PDE は等辺が 4 cm の直角二等辺三角形だから，△PDE = $\dfrac{1}{2} \times 4 \times 4 = 8$ (cm²)

よって，三角すい OPDE の体積は，$\dfrac{1}{3} \times 8 \times 4 = \dfrac{32}{3}$ (cm³)

(2)① 三角すい OABC の体積は，$\dfrac{1}{3} \times \left(\dfrac{1}{2} \times 6 \times 6\right) \times 6 = 36$ (cm³)　よって，三角すい OPDE の体積

は，$36 \times \dfrac{1}{3} = 12$ (cm³) となればよい。(1)における点 P を P′ とすると，OP′：OP = △OP′D：△OPD = (三角すい OP′DE)：(三角すい OPDE) = $\dfrac{32}{3} : 12$ となるから，OP = $4 \times 12 \div \dfrac{32}{3} = \dfrac{9}{2}$ (cm)

したがって，AP = $6 - \dfrac{9}{2} = \dfrac{3}{2}$ (cm)

② △OBC は 1 辺が $6\sqrt{2}$ cm の正三角形で，DE = $\dfrac{2}{3}$BC = $4\sqrt{2}$ (cm) だから，

△ODE は，1 辺が $4\sqrt{2}$ cm の正三角形となる。△ODE の高さは，$4\sqrt{2} \times \dfrac{\sqrt{3}}{2} = 2\sqrt{6}$ (cm) だから，

△ODE = $\dfrac{1}{2} \times 4\sqrt{2} \times 2\sqrt{6} = 8\sqrt{3}$ (cm²)　よって，点 P と △ODE との距離を h cm とすると，

$\dfrac{1}{3} \times 8\sqrt{3} \times h = 12$ が成り立つから，これを解いて，$h = \dfrac{3\sqrt{3}}{2}$

⑤ (2) AP + PQ + QM が最短となるのは，右図のような展開図
(A′，D′ はそれぞれ A，D と重なる点) において，4 点 A，P，
Q，M が一直線上に並ぶときで，AP + PQ + QM は，線分
AM の長さとなる。AM の延長と直線 DB との交点を R と

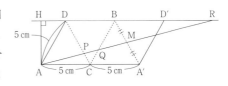

すると，BR ∥ AA′，BM = A′M より，BR = AA′ = 5 × 2 = 10 (cm)　また，A から直線 DB に垂

線 AH を下ろすと，△ADH は 30°，60° の角をもつ直角三角形だから，DH = $\dfrac{1}{2}$AD = $\dfrac{5}{2}$cm，AH =

$\sqrt{3}$DH = $\dfrac{5\sqrt{3}}{2}$cm となる。これより，HR = $\dfrac{5}{2}$ + 5 + 10 = $\dfrac{35}{2}$ (cm) だから，△ARH において，三

平方の定理より，AR = $\sqrt{AH^2 + HR^2} = \sqrt{\left(\dfrac{5\sqrt{3}}{2}\right)^2 + \left(\dfrac{35}{2}\right)^2} = \sqrt{\dfrac{1300}{4}} = \dfrac{10\sqrt{13}}{2} = 5\sqrt{13}$ (cm)

よって，AM = $\dfrac{1}{2}$AR = $\dfrac{5\sqrt{13}}{2}$cm

(3) 前図において，CP ∥ A′M，AC = CA′ より，CP = $\dfrac{1}{2}$A′M = $\dfrac{1}{4}$A′B = $\dfrac{1}{4}$CD　また，QB：AD =

RB：RD = 10：15 = 2：3 より，QB = $\dfrac{2}{3}$AD = $\dfrac{2}{3}$CB だから，CQ = $\dfrac{1}{3}$CB　これより，△CPQ の面

積は △CDB の面積の，$\dfrac{1}{3} \times \dfrac{1}{4} = \dfrac{1}{12}$ (倍) となる。四面体 MQCP は，底面を △CPQ としたとき，正四

面体 ABCD に対して，底面積は $\dfrac{1}{12}$，高さは $\dfrac{1}{2}$ になるから，体積は，$\dfrac{1}{12} \times \dfrac{1}{2} = \dfrac{1}{24}$（倍）となる。よって，求める比は，$1 : \dfrac{1}{24} = 24 : 1$

6 (1) 四角すい AFGHI は正四角すい ABCDE と相似で，相似比は，四角すい AFGHI：正四角すい ABCDE ＝ $4 : 6 = 2 : 3$ なので，体積比は，$2^3 : 3^3 = 8 : 27$　よって，$\dfrac{8}{27}$ 倍。

(2) 右図アで，四角形 FGHI は 1 辺の長さが 4 cm の正方形なので，

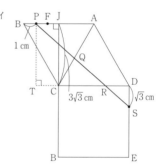

図ア

$\text{FH} = \sqrt{2}\,\text{FG} = 4\sqrt{2}$ (cm)

△ABC において，点 C から辺 AB に垂線 CJ をひくと，

△ABC は正三角形なので，J は AB の中点となる。

$\text{CJ} = \dfrac{\sqrt{3}}{2}\text{BC} = \dfrac{\sqrt{3}}{2} \times 6 = 3\sqrt{3}$ (cm)，$\text{JF} = 4 - 3 = 1$ (cm) より，

△CJF において，三平方の定理より，$\text{CF} = \sqrt{\text{CJ}^2 + \text{JF}^2} = \sqrt{(3\sqrt{3})^2 + 1^2} = 2\sqrt{7}$ (cm)

同様に，$\text{CH} = 2\sqrt{7}$ cm となるので，△CFH は $\text{CF} = \text{CH}$ の二等辺三角形。

点 C から FH に垂線 CK をひくと，K は FH の中点なので，$\text{FK} = \dfrac{1}{2}\text{FH} = \dfrac{1}{2} \times 4\sqrt{2} = 2\sqrt{2}$ (cm)

よって，△CFK において，三平方の定理より，$\text{CK} = \sqrt{\text{CF}^2 - \text{FK}^2} = \sqrt{(2\sqrt{7})^2 - (2\sqrt{2})^2} = 2\sqrt{5}$

(cm) となるから，$\triangle\text{CFH} = \dfrac{1}{2} \times 4\sqrt{2} \times 2\sqrt{5} = 4\sqrt{10}$ (cm²)

(3) 右図イは正四角すいの展開図の一部で，PQ ＋ QR ＋ RS の長さが最も短くなるのは点 Q，R が線分 PS 上にあるとき。

点 P から DC の延長線に垂線 PT をひくと，$\text{PT} = \text{CJ} = 3\sqrt{3}$ cm，

$\text{TC} = \text{PJ} = 3 - 1 = 2$ (cm)

また，PT ∥ DS なので，$\text{PR} : \text{RS} = \text{TR} : \text{RD} = \text{PT} : \text{DS} = 3\sqrt{3} : \sqrt{3} = 3 : 1$　$\text{TD} = \text{TC} + \text{CD} = 2 + 6 = 8$ (cm) より，

$\text{RD} = \dfrac{1}{3+1}\text{TD} = \dfrac{1}{4} \times 8 = 2$ (cm)

よって，△RDS において，三平方の定理より，

$\text{RS} = \sqrt{\text{DS}^2 + \text{RD}^2} = \sqrt{(\sqrt{3})^2 + 2^2} = \sqrt{7}$ (cm) となるから，

$\text{PQ} + \text{QR} + \text{RS} = \text{PS} = 4\text{RS} = 4\sqrt{7}$ (cm)

(3) 平面から立体

解答 ━━

出題例　1 ① $2\sqrt{7}$ (cm)　② $\dfrac{18\sqrt{7}}{7}$ (cm³)　2 ① $\dfrac{3}{7}$（倍）　② $\dfrac{27}{28}$（倍）

　　　　3 ① 13π (cm²)　② $\dfrac{38\sqrt{2}}{3}\pi$ (cm³)

類　題　1 ① ア．5　イ．4　② ウ．7　エ．2　2 ① ア．3　イ．5　ウ．8　② エ．5　オ．2

　　　　3 ① ア．2　イ．3　ウ．7　エ．6　② オ．1　カ．1　キ．1　ク．2

　　　　4 ① ア．3　イ．8　ウ．3　② エ．1　オ．3　カ．5　キ．5

　　　　5 ① ア．6　イ．2　② ウ．1　エ．6　オ．7　カ．3　6 ① ア．2　② イ．5　ウ．2　エ．2

実践問題　1 (1) 4 (cm)　(2) $4\sqrt{3}$ (cm²)　(3) 16π (cm³)　(4) 8 (cm³)

2 (1) $a^2 - 2ab$ (cm^2)　(2) 3 (cm)　(3) 36 (cm^3)　3 (1) 3 (cm)　(2) 80π (cm^3)

4 (1) $\dfrac{3\sqrt{3}}{2}$ (cm)　(2) 18π (cm^3)　5 7π (cm)　6 (1) 3 (cm)　(2) 15 (cm)

解説

類　題

1 ① BC = 12, DE = $\dfrac{1}{2}$BC = 6, EC = $\dfrac{1}{2}$AC = 12 より, 台形 DBCE = $\dfrac{1}{2}$ × (6 + 12) × 12 = 108

また, EF = FC = 12 × $\dfrac{1}{2}$ = 6 より, △DEF = $\dfrac{1}{2}$ × 6 × 6 = 18, △FBC = $\dfrac{1}{2}$ × 12 × 6 = 36

よって, △BDF = 108 − 18 − 36 = 54

② 四面体を組み立てると, AE と BC, EF と CF がそれぞれ一致して,
右図のようになる。このとき, AE ⊥△DEF となることから,

求める体積は, $\dfrac{1}{3}$ × AE ×△DEF = $\dfrac{1}{3}$ × 12 × 18 = 72

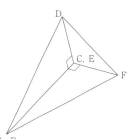

2 ① もとの図において, M から CD に垂線 MH をひくと, MH = 6 × $\dfrac{1}{2}$ = 3 (cm)　また, △ABD におい

て, 三平方の定理より, BD = $\sqrt{8^2 + 6^2}$ = 10 (cm)だから, BM = DM = 10 × $\dfrac{1}{2}$ = 5 (cm)

また, △DAB と△FMD において, ∠DAB = ∠FMD = 90°, 平行線の錯角より, ∠ABD = ∠MDF
だから, △DAB ∽△FMD　よって, DF : DM = BD : BA = 10 : 8 = 5 : 4 だから,

DF = $\dfrac{5}{4}$DM = $\dfrac{5}{4}$ × 5 = $\dfrac{25}{4}$ (cm)より, CF = 8 − $\dfrac{25}{4}$ = $\dfrac{7}{4}$ (cm)

よって, △CFM = $\dfrac{1}{2}$ × $\dfrac{7}{4}$ × 3 = $\dfrac{21}{8}$ (cm^2)　四面体 DMCF は,

△CFM を底面とすると高さは DM だから, 求める体積は, $\dfrac{1}{3}$ × $\dfrac{21}{8}$ × 5 = $\dfrac{35}{8}$ (cm^3)

② 四面体 DMCF において, △DMC は, DM = CM, ∠DMC = 90°の直角二等辺三角形となるから,
DC = $\sqrt{2}$DM = $\sqrt{2}$ × 5 = $5\sqrt{2}$ (cm)

3 ① 点 A から辺 BC に引いた垂線と, 辺 BC との交点を E とする。CE = 20cm より, BE = 26 − 20 = 6
(cm)で, △ABE は 30°, 60°の角を持つ直角三角形なので, AE = $\sqrt{3}$BE = $6\sqrt{3}$ (cm)
辺 BC を軸にして 1 回転してできる立体①は, 底面の円の半径が $6\sqrt{3}$ cm, 高さが 20cm の円柱に,
底面の円の半径が $6\sqrt{3}$ cm, 高さが 6 cm の円すいを合わせた立体なので, その体積は,

π × $(6\sqrt{3})^2$ × 20 + $\dfrac{1}{3}$ × π × $(6\sqrt{3})^2$ × 6 = 2376π (cm^3)

② 辺 AD を軸にして 1 回転してできる立体②は, 底面の円の半径が $6\sqrt{3}$ cm, 高さが 26cm の円柱から,
底面の半径が $6\sqrt{3}$ cm, 高さが 6 cm の円すいをくり抜いた立体なので,

その体積は, π × $(6\sqrt{3})^2$ × 26 − $\dfrac{1}{3}$ × π × $(6\sqrt{3})^2$ × 6 = 2592π (cm^3)

よって, 立体①の体積と立体②の体積の比は, $2376\pi : 2592\pi = 11 : 12$

4 ① PQ = $\dfrac{4}{6}$BC = $\dfrac{4}{6}$ × 3 = 2 (cm)より, △APQ を 1 回転させてできる立体の体積は,

$\dfrac{1}{3}$ × π × 2^2 × 4 = $\dfrac{16}{3}\pi$ (cm^3)　よって, この立体の体積は, $18\pi − \dfrac{16}{3}\pi = \dfrac{38}{3}\pi$ (cm^3)

② $AC = \sqrt{6^2 + 3^2} = 3\sqrt{5}$ (cm) より，$AQ = 3\sqrt{5} \times \dfrac{2}{3} = 2\sqrt{5}$ (cm)

よって，この立体の側面積は，$\pi \times (3\sqrt{5})^2 \times \dfrac{3}{3\sqrt{5}} - \pi \times (2\sqrt{5})^2 \times \dfrac{2}{2\sqrt{5}} = 5\sqrt{5}\,\pi$ (cm²)

また，底面積は，上の面は，$\pi \times 2^2 = 4\pi$ (cm²)，下の面は，$\pi \times 3^2 = 9\pi$ (cm²)

よって，この立体の表面積は，$5\sqrt{5}\,\pi + 4\pi + 9\pi = (13 + 5\sqrt{5})\,\pi$ (cm²)

⑤ ① 円すいの母線を x cm とすると，側面のおうぎ形の弧の長さと，底面の円周が等しくなるので，

$2\pi \times x \times \dfrac{120}{360} = 2\pi \times 3$ が成り立つ。これを解くと，$x = 9$

よって，三平方の定理より，円すいの高さは，$\sqrt{9^2 - 3^2} = \sqrt{72} = 6\sqrt{2}$ (cm)

② 立体アともとの円すいの底面積の比は，$4^2 : 9^2 = 16 : 81$ だから，立体アの底面積は，

$\pi \times 3^2 \times \dfrac{16}{81} = \dfrac{16}{9}\pi$ (cm²)

したがって，立体アの表面積は，$\pi \times 4^2 \times \dfrac{120}{360} + \dfrac{16}{9}\pi = \dfrac{64}{9}\pi$ (cm²)

また，立体イの表面積は，$\left(\pi \times 9^2 \times \dfrac{120}{360} - \pi \times 4^2 \times \dfrac{120}{360}\right) + \dfrac{16}{9}\pi + 9\pi = \dfrac{292}{9}\pi$ (cm²)

よって，立体アとイの表面積の比は，$\dfrac{64}{9}\pi : \dfrac{292}{9}\pi = 16 : 73$

⑥ ① おうぎ形 ABC の弧の長さは，$2\pi \times 8 \times \dfrac{90}{360} = 4\pi$ (cm)

円 O の半径を r cm とおくと，円 O の円周の長さは $\overset{\frown}{BC}$ の長さに等しいので，$2\pi r = 4\pi$ が成り立ち，$r = 2$　よって，2 cm。

② 右図のように正方形の対角線 AE をひくと，この対角線は円の中心 O を通る。円 O とおうぎ形 ABC の接点を F とし，点 O から辺 AD，DE にそれぞれ垂線 OG，OH をひく。$AO = AF + FO = 8 + 2 = 10$ (cm) で，$\triangle AOG$ は直角二等辺三角形だから，$AG = \dfrac{1}{\sqrt{2}}AO = \dfrac{10}{\sqrt{2}} = 5\sqrt{2}$ (cm)

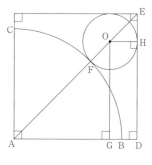

また，$GD = OH = 2$ cm だから，$AD = AG + GD = 5\sqrt{2} + 2$ (cm)

実践問題

① (1) $\triangle DBC$ が正三角形なので，$\angle ABC = 60°$　これより，$\triangle ABC$ は $30°$，$60°$ の直角三角形なので，$AB = 2BC = 2 \times 4 = 8$ (cm)　また，$BD = BC = 4$ cm　よって，$AD = AB - BD = 8 - 4 = 4$ (cm)

(2) (1)より，$AC = \sqrt{3}\,BC = 4\sqrt{3}$ (cm) なので，$\triangle ABC = \dfrac{1}{2} \times 4 \times 4\sqrt{3} = 8\sqrt{3}$ (cm²)

点 D は AB の中点なので，$\triangle ADC = \dfrac{1}{2}\triangle ABC = \dfrac{1}{2} \times 8\sqrt{3} = 4\sqrt{3}$ (cm²)

(3) 右図のように，CD の延長線に点 A から垂線 AE をひくと，できる立体は，底面の半径が AE で高さが CE の円すいから，底面の半径が AE で高さが DE の円すいを取り除いた形になる。また，$\angle ACE = 90° - 60° = 30°$ なので，$\triangle ACE$ は $30°$，$60°$ の角をもつ直角三角形。よって，$AE = \dfrac{1}{2}AC = \dfrac{1}{2} \times 4\sqrt{3} = 2\sqrt{3}$ (cm)，$CE = \dfrac{\sqrt{3}}{2}AC = \dfrac{\sqrt{3}}{2} \times 4\sqrt{3} = 6$ (cm)，$DE = CE - CD = 6 - 4 = 2$ (cm)より，求める立体の体積は，$\dfrac{1}{3} \times \pi \times (2\sqrt{3})^2 \times 6 - \dfrac{1}{3} \times \pi \times (2\sqrt{3})^2 \times 2 = 16\pi$ (cm³)

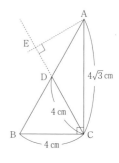

(4) △ADC と △BCD が直角になるように折り曲げると，三角すい ABCD の体積が最も大きくなる。このとき，△BCD を底面とすると，高さは前図の AE の長さなので，$2\sqrt{3}$ cm となる。

また，$\triangle BCD = \triangle ABC - \triangle ADC = 8\sqrt{3} - 4\sqrt{3} = 4\sqrt{3}$ (cm^2)

よって，求める体積は，$\dfrac{1}{3} \times 4\sqrt{3} \times 2\sqrt{3} = 8$ (cm^3)

2 (1) 四角すいの表面積は，正方形の紙の面積から，正方形の各辺を底辺とする 4 つの合同な二等辺三角形の面積の合計を引けばよいので，

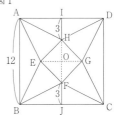

図1

$a^2 - \dfrac{1}{2}ab \times 4 = a^2 - 2ab$ (cm^2)

(2) $a^2 - 2ab = 72$ に $a = 12$ を代入して，$12^2 - 2 \times 12 \times b = 72$ より，

$24b = 72$ よって，$b = 3$

(3) $a = 12$，$b = 3$ のときの展開図は右図 1 のようになり，HF $= 12 - 3 \times 2 =$

6 (cm) よって，四角すいの底面積は，$\dfrac{1}{2} \times 6 \times 6 = 18$ (cm^2)

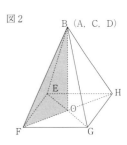

図2

また，$\angle FJB = 90°$ より，△FBJ において，三平方の定理より，

BF $= \sqrt{BJ^2 + FJ^2} = \sqrt{6^2 + 3^2} = 3\sqrt{5}$ (cm)

したがって，組み立ててできる四角すいは，右図 2 のようになる。

OF $= \dfrac{1}{2}$HF $= 3$ (cm) で，$\angle BOF = 90°$ より，△BFO で三平方の定理で，

BO $= \sqrt{BF^2 - OF^2} = \sqrt{(3\sqrt{5})^2 - 3^2} = 6$ (cm) だから，

求める体積は，$\dfrac{1}{3} \times 18 \times 6 = 36$ (cm^3)

3 (1) BM $= \dfrac{1}{2} \times 10 = 5$ (cm)，BN $= \dfrac{1}{2} \times 8 = 4$ (cm) 中点連結定理より，MN ∥ AC だから，

$\angle MNB = \angle ACB = 90°$ △MBN で三平方の定理より，MN $= \sqrt{5^2 - 4^2} = 3$ (cm)

(2) AC $= 3 \times 2 = 6$ (cm) だから，求める立体は，底面の半径が 4 cm で高さが 6 cm の円柱から，

底面の半径が 4 cm で，高さが，$6 - 3 = 3$ (cm) の円錐を除いた立体になる。

よって，体積は，$\pi \times 4^2 \times 6 - \dfrac{1}{3} \times \pi \times 4^2 \times 3 = 80\pi$ (cm^3)

4 (1) 6 秒で，点 P は 180° 回転する。よって，2 秒後，$\angle AOP = 180° \div 6 \times 2 = 60°$，OA $=$ OP より，

△AOP は正三角形。よって，△AOM は，$\angle OAM = 60°$，$\angle AMO = 90°$ の直角三角形だから，

OA $= 6 \times \dfrac{1}{2} = 3$ (cm) より，OM $= \dfrac{\sqrt{3}}{2}$OA $= \dfrac{\sqrt{3}}{2} \times 3 = \dfrac{3\sqrt{3}}{2}$ (cm)

(2) 点 P から線分 AB に引いた垂線と線分 AB との交点を H とすると，△ABP を線分 AB を軸として 1 回転させてできる立体は，底面の半径が PH で，高さがそれぞれ AH と BH である 2 つの円すいを合わせたものだから，その体積は，$\dfrac{1}{3} \times \pi \times PH^2 \times AH + \dfrac{1}{3} \times \pi \times PH^2 \times BH = \dfrac{1}{3} \times \pi \times PH^2 \times (AH +$

BH) と表せる。AH $+$ BH は 6 cm で一定だから，この立体の体積が最大になるのは，PH の長さが最大になるとき。PH の長さが最大になるのは，P が $\overparen{AB}$ の真ん中にきたときで，そのとき，PH $= 3$ cm

よって，求める立体の体積は，$\dfrac{1}{3} \times \pi \times 3^2 \times 6 = 18\pi$ (cm^3)

5 弧 BB$'$ の長さは，底面の直径 5 cm の円の円周と等しく 5π cm。したがって，おうぎ形 OBB$'$ で，$2\pi \times$ OB

$\times \dfrac{45}{360} = 5\pi$ が成り立つから，これを解くと，OB $= 20$ (cm) よって，$2\pi \times (20 + 8) \times \dfrac{45}{360} = 7\pi$ (cm)

6 (1) おうぎ形の弧の長さと底面の円周の長さは等しくなる。おうぎ形の弧の長さは，$2\pi \times 12 \times \dfrac{90}{360} = 6\pi$ (cm)だから，底面の半径を r cm とすると，$2\pi r = 6\pi$ が成り立つ。よって，$r = 3$

(2) 右図のように，長方形を ABCD，底面の円の中心を O とすると，円 O が辺 AD と接点 E で接する場合に長方形の横の長さは最も短くなる。点 O を通り辺 AD と平行な直線が，辺 AB と交わる点を F，円 O と交わる点のうち辺 DC に近い方の点 G とすると，AF = EO = 3 cm より，FB = 12 − 3 = 9 (cm)　また，BO = 12 + 3 = 15 (cm)だから，△FBO において三平方の定理より，FO = $\sqrt{15^2 - 9^2} = 12$ (cm) よって，求める長さは，FG = 12 + 3 = 15 (cm)

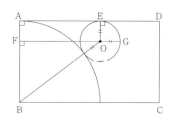

(4) 球

解答

出題例　1 ① 16π (cm²)　② $48\sqrt{3}$ (cm³)　2 ① $\dfrac{4}{5}\pi$ (cm²)　② $\dfrac{25}{72}$ (倍)

類題　1 ① ア. 9　イ. 6　② ウ. 3　2 ① ア. 2　イ. 6　② ウ. 6　エ. 2

3 ① ア. 4　② イ. 2　ウ. 3

4 ① ア. 9　イ. 2　ウ. 5　② エ. 2　オ. 7　カ. 1　キ. 2　ク. 5

実践問題　1 (1) 9 (cm)　(2)① $27\sqrt{3}$ (cm³)　② $\dfrac{9}{4}$ (cm)　2 (1) 128π (cm³)　(2) $6 + 4\sqrt{2}$ (cm)

3 (1) $\dfrac{4\sqrt{3}}{3}$ (cm)　(2) 16π (cm³)

4 問1. $3\sqrt{7}$ (cm²)　問2. (1) $7r$　(2) $\dfrac{3\sqrt{7}}{7}$ (cm)　問3. $\dfrac{9\sqrt{7}}{64}\pi$ (cm³)

解説

類題

1 ① $\dfrac{1}{3} \times \pi \times 6^2 \times 8 = 96\pi$ (cm³)

② 球の中心を通り円錐の底面に垂直な平面で切ると，右図のようになる。三角形の頂点を A，B，C，円の中心を O，円の半径を r cm，AB，BC と円 O の接点を P，Q とすると，AB = 10cm，BP = BQ = 6 cm より，AP = 10 − 6 = 4 (cm)　また，OP = OQ = r cm で，OA = $(8 - r)$ cm と表せる。よって，△APO で三平方の定理より，OP² + AP² = OA² で，$r^2 + 4^2 = (8 - r)^2$ が成り立つので，$r^2 + 16 = 64 - 16r + r^2$　これを整理して，$16r = 48$ より，$r = 3$

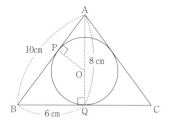

2 ① 右図1のように，正四面体の高さを AH とすると，H は線分 BM 上の点。△AMB は AM = BM の二等辺三角形だから，点 M から辺 AB に垂線 MI をひくと，AI = $\dfrac{1}{2}$AB = 3 (cm)　△ACD は 1 辺が 6 cm の正三角形だから，△ACM は 30°，60° の直角三角形で，AM = $\dfrac{\sqrt{3}}{2}$AC = $3\sqrt{3}$ (cm) △MAI で三平方の定理より，MI = $\sqrt{(3\sqrt{3})^2 - 3^2} = 3\sqrt{2}$ (cm) BM = AM = $3\sqrt{3}$ cm だから，△MAB の面積について，

図1

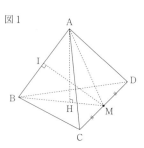

$\dfrac{1}{2} \times 3\sqrt{3} \times AH = \dfrac{1}{2} \times 6 \times 3\sqrt{2}$ が成り立つ。これを解くと，AH $= 2\sqrt{6}$ (cm)

② この正四面体の体積は，$\dfrac{1}{3} \times \left(\dfrac{1}{2} \times 6 \times 3\sqrt{3}\right) \times 2\sqrt{6} = 18\sqrt{2}$ (cm³) 図2

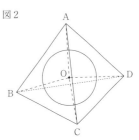

右図2のように球の中心を O とすると，（正四面体 ABCD）＝（正三角錐 O—ABC）＋（正三角錐 O—ACD）＋（正三角錐 O—ADB）＋（正三角錐 O—BCD）　この4つの正三角錐は合同で，球の半径を r cm とするとこの長さは正三角錐の高さでもあるから，$\left\{ \dfrac{1}{3} \times \left(\dfrac{1}{2} \times 6 \times 3\sqrt{3}\right) \times r \right\} \times 4 = 18\sqrt{2}$ が成り立つ。これを解くと，$r = \dfrac{\sqrt{6}}{2}$

③ ① △OPQ で，OP $= \sqrt{OQ^2 + PQ^2} = \sqrt{(2\sqrt{3})^2 + 2^2} = \sqrt{12 + 4} = \sqrt{16} = 4$ (cm)
△OQH と △OPQ で，∠OHQ = ∠OQP = 90°，∠QOH = ∠POQ より，2組の角がそれぞれ等しいので，△OQH ∽ △OPQ　したがって，QH : OQ : OH = PQ : OP : OQ = 2 : 4 : 2√3 = 1 : 2 : √3
OQ $= 2\sqrt{3}$ cm より，$2\sqrt{3}$: OH = 2 : √3　よって，OH = 3 (cm)
できる立体は，半径が QH の円を底面とする円すいを2つ合わせた形になる。QH : 2√3 = 1 : 2 より，
QH $= \sqrt{3}$ (cm)　よって，$\dfrac{1}{3} \times \pi \times (\sqrt{3})^2 \times 4 = 4\pi$ (cm³)

② できる立体は，高さが RH の円すいから，高さが OH の円すいを取りのぞいた形になる。RH = RO + OH $= 2\sqrt{3} + 3$ (cm)　よって，$\dfrac{1}{3} \times \pi \times (\sqrt{3})^2 \times (2\sqrt{3} + 3) - \dfrac{1}{3} \times \pi \times (\sqrt{3})^2 \times 3 = \dfrac{1}{3} \times \pi \times 3 \times 2\sqrt{3} = 2\sqrt{3}\pi$ (cm³)

④ ① △ABO ∽ △ACO′ で，相似比は，AO : AO′ = OB : O′C = 3 : 5 なので，面積比は，$3^2 : 5^2 = 9 : 25$
② できる立体は底面の半径が OB で高さが AB の円すいと，底面の半径が O′C で高さが AC の円すいになる。2つの円すいは相似で相似比は，OB : O′C = 3 : 5 なので，体積比は，V : V′ $= 3^3 : 5^3 = 27 : 125$

実践問題

① (1) 点 O を通り直線 BM に平行な直線と AB との交点を E とすると，△AOE は 30°，60° の角をもつ直角三角形となるから，OA $= 12 \times \dfrac{1}{2} = 6$ (cm) より，AE $= \dfrac{1}{2}$OA $= 3$ (cm)　EB = OM = 6 cm より，AB = 3 + 6 = 9 (cm)

(2)① 三角すい ABPM の体積が最も大きくなるときは，∠PMB = 90° のときで，BM = EO = √3 AE $= 3\sqrt{3}$ (cm) より，求める体積は，$\dfrac{1}{3} \times \left(\dfrac{1}{2} \times 3\sqrt{3} \times 6\right) \times 9 = 27\sqrt{3}$ (cm³)

② 点 Q と △APM を含む平面との距離を h cm とする。AM $= \sqrt{AB^2 + BM^2} = \sqrt{9^2 + (3\sqrt{3})^2} = 6\sqrt{3}$ (cm)，PM = 6 cm より，△APM $= \dfrac{1}{2} \times 6\sqrt{3} \times 6 = 18\sqrt{3}$ (cm²)　また，点 Q は線分 BP の中点より，△QPM $= \dfrac{1}{2}$ △BPM なので，三角すい AQPM $= \dfrac{1}{2}$ 三角すい ABPM　よって，三角すい AQPM の体積について，$\dfrac{1}{3} \times 18\sqrt{3} \times h = 27\sqrt{3} \times \dfrac{1}{2}$ が成り立つ。これを解いて，$h = \dfrac{9}{4}$

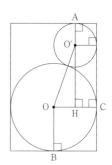

② (1) 円柱は，底面が半径 4 cm の円，高さが 8 cm だから，

体積は，$\pi \times 4^2 \times 8 = 128\pi$ (cm³)

(2) 右図のように接点を，A，B，C とし，O′ から OC に垂線 O′H を下ろす。△O′OH について，三平方の定理より，O′H $= \sqrt{O'O^2 - OH^2} = \sqrt{(2+4)^2 - (4-2)^2} = \sqrt{6^2 - 2^2} = 4\sqrt{2}$ (cm)　よって，円柱の高さは，AO′ + O′H + OB $= 2 + 4\sqrt{2} + 4 = 6 + 4\sqrt{2}$ (cm)

③ (1) DB = DA $= 8 \div 2 = 4$ (cm)　△DBE は，30°，60° の直角三角形なので，

DE = DB $\times \dfrac{1}{\sqrt{3}} = \dfrac{4\sqrt{3}}{3}$ (cm)

(2) 円周角と中心角の関係より，∠CDA $= 2\angle$CBA $= 60°$　点 C から線分 AB に垂線をひき，線分 AB との交点を F とすると，△CDF は，30°，60° の直角三角形で，CD = BD = 4 cm だから，CF = CD $\times \dfrac{\sqrt{3}}{2} = 2\sqrt{3}$ (cm)，DF = CD $\times \dfrac{1}{2} = 2$ (cm)　△BCF を，線分 AB を軸として 1 回転させてできる立体の体積は，$\dfrac{1}{3} \times \pi \times (2\sqrt{3})^2 \times (4+2) = 24\pi$ (cm³)

△CDF を，線分 AB を軸として 1 回転させてできる立体の体積は，$\dfrac{1}{3} \times \pi \times (2\sqrt{3})^2 \times 2 = 8\pi$ (cm³)

したがって，求める体積は，$24\pi - 8\pi = 16\pi$ (cm³)

④ 問 1. △ABC は二等辺三角形なので，AO の延長と BC との交点を D とすると，点 D は BC の中点で，BD $= 6 \times \dfrac{1}{2} = 3$ (cm)　△ABD で三平方の定理より，AD $= \sqrt{AB^2 - BD^2} = \sqrt{4^2 - 3^2} = \sqrt{7}$ (cm)

よって，S $= \dfrac{1}{2} \times 6 \times \sqrt{7} = 3\sqrt{7}$ (cm²)

問 2. (1) △ABC $=$ △OAB $+$ △OBC $+$ △OCA $= \dfrac{1}{2} \times 4 \times r + \dfrac{1}{2} \times 6 \times r + \dfrac{1}{2} \times 4 \times r = 7r$

よって，S $= 7r$　(2) $7r = 3\sqrt{7}$ が成り立つので，$r = \dfrac{3\sqrt{7}}{7}$

問 3. 右図で，△OBD ≡ △OBF，△OCD ≡ △OCE がいえるから，

BF = BD = 3 cm，CE = CD = 3 cm なので，

AF = AE $= 4 - 3 = 1$ (cm)　△AFE と △ABC において，

∠FAE $=$ ∠BAC，AF : AB = AE : AC = 1 : 4 より，

△AFE ∽ △ABC　これより，FE : BC = AF : AB = 1 : 4 なので，

FE $= 6 \times \dfrac{1}{4} = \dfrac{3}{2}$ (cm)　ここで，AD と FE の交点を G とすると，

AG : AD = AF : AB = 1 : 4 より，GD : AD $= (4-1) : 4 = 3 : 4$

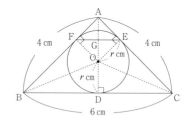

問 1 より，AD $= \sqrt{7}$ cm なので，GD $= \dfrac{3\sqrt{7}}{4}$ (cm)

よって，できる立体は，底面の半径が，FG $= \dfrac{3}{2} \times \dfrac{1}{2} = \dfrac{3}{4}$ (cm) で，

高さが $\dfrac{3\sqrt{7}}{4}$ cm の円すいなので，体積は，$\dfrac{1}{3} \times \pi \times \left(\dfrac{3}{4}\right)^2 \times \dfrac{3\sqrt{7}}{4} = \dfrac{9\sqrt{7}}{64}\pi$ (cm³)

(5) 複 合 体

解答

| 出 題 例 | □1 ① ア. 2 イ. 4 ② ウ. 7 エ. 0

| 類 題 | □1 ① ア. 2 イ. 1 ウ. 4 ② エ. 2 オ. 8 カ. 1 キ. 4

□2 ① ア. 7 イ. 2 ② ウ. 4 エ. 5

| 実践問題 | □1 (1) ① $\dfrac{9\sqrt{7}}{2}$ (cm^2) ② $\dfrac{24}{5}$ (cm) ③ $\dfrac{3\sqrt{15}}{5}$ (cm) (2) ① $\dfrac{7}{2}$ (cm) ② $\dfrac{27\sqrt{59}}{4}$ (cm^3)

□2 (1) 60 (cm^3) (2) 36 + 12$\sqrt{34}$ (cm^2) (3) $\dfrac{75}{4}$ (cm^3)

解説

| 類 題 |

□1 ① AC = $\sqrt{2}$AB = $6\sqrt{2}$ で，H は AC の中点だから，AH = $3\sqrt{2}$ よって，△OAH において，

三平方の定理より，OH = $\sqrt{\text{OA}^2 - \text{AH}^2}$ = $\sqrt{12^2 - (3\sqrt{2})^2}$ = $\sqrt{126}$ = $3\sqrt{14}$

EJ ∥ OH だから，EJ : OH = CE : CO = (12 − 4) : 12 = 8 : 12 = 2 : 3

よって，EJ = $\dfrac{2}{3}$OH = $\dfrac{2}{3} \times 3\sqrt{14}$ = $2\sqrt{14}$

② 点 E，F を通り，底面 ABCD に垂直な平面で，それぞれ立体 EFABCD を切断

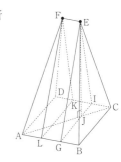

すると，右図のように，2 つの合同な四角すい E—BCIG，F—LKDA と，

三角柱 EGI—FLK に分けられる。EF = $\dfrac{3 - 2}{3}$CD = $\dfrac{1}{3} \times 6$ = 2 だから，

BG = (6 − 2) ÷ 2 = 2

よって，四角すい E—BCIG の体積は，$\dfrac{1}{3} \times 2 \times 6 \times 2\sqrt{14}$ = $8\sqrt{14}$

また，三角柱 EGI—FLK の体積は，$\dfrac{1}{2} \times 6 \times 2\sqrt{14} \times 2$ = $12\sqrt{14}$

これより，求める体積は，$8\sqrt{14} \times 2 + 12\sqrt{14}$ = $28\sqrt{14}$

□2 ① 右図 a のように，O から底面に垂線 OH を下ろすと，H は AC の中点だか

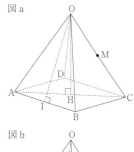

ら，AH = $\dfrac{1}{2}$AC = $\dfrac{1}{2} \times 6\sqrt{2}$ = $3\sqrt{2}$ (cm) よって，△OAH において，

OH = $\sqrt{(3\sqrt{6})^2 - (3\sqrt{2})^2}$ = 6 (cm)となるから，

求める体積は，$\dfrac{1}{3} \times 6 \times 6 \times 6$ = 72 (cm^3)

② 右図 b のように，OD の中点を N とすると，MN = $\dfrac{1}{2}$CD = 3 (cm)であ

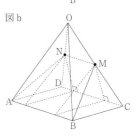

り，切断面は，台形 ABMN となる。ここで，点 C を含む方の立体を，M,

N をそれぞれ通り面 ABCD に垂直な平面で切断すると，両端の合同な四角

錐と真ん中の三角柱に分けることができる。両端の四角錐の底面は長方形で，

その 2 辺の長さは，6 cm と，(6 − 3) ÷ 2 = $\dfrac{3}{2}$ (cm) また，CM : CO =

1 : 2 より高さは，$\dfrac{1}{2}$OH = 3 (cm)だから，四角錐の体積は，$\dfrac{1}{3} \times 6 \times \dfrac{3}{2}$

× 3 = 9 (cm^3) また，真ん中の三角柱の体積は，$\left(\dfrac{1}{2} \times 6 \times 3\right) \times 3$ = 27 (cm^3)

よって，求める体積は，9 × 2 + 27 = 45 (cm^3)

$\boxed{\text{実践問題}}$

$\boxed{1}$ (1)① 四角形 ADBE は AD ＝ BE の台形だから，次図1のように2点 A，B からそれぞれ辺 DE に垂線

AL，BM をひくと，DL ＝ EM ＝ $(5 - 3) \times \dfrac{1}{2} = 1$ (cm) となる。△BME において，三平方の定理より，

BM $= \sqrt{BE^2 - EM^2} = \sqrt{8^2 - 1^2} = 3\sqrt{7}$ (cm)　よって，△AEB $= \dfrac{1}{2} \times 3 \times 3\sqrt{7} = \dfrac{9\sqrt{7}}{2}$ (cm²)

② HG ∥ AE より，AH : AD ＝ EG : ED だから，AH : 8 ＝ 3 : 5　よって，AH $= \dfrac{8 \times 3}{5} = \dfrac{24}{5}$ (cm)

③ A から CD に垂線 AN をひくと，CN $= \dfrac{1}{2}$ CD ＝ 2 (cm) だから，△ACN において，AN $= \sqrt{AC^2 - CN^2}$

$= \sqrt{8^2 - 2^2} = 2\sqrt{15}$ (cm)　よって，△ACD $= \dfrac{1}{2} \times 4 \times 2\sqrt{15} = 4\sqrt{15}$ (cm²)　△ACH : △ACD ＝

AH : AD $= \dfrac{24}{5} : 8 = 3 : 5$ だから，△ACH $= 4\sqrt{15} \times \dfrac{3}{5} = \dfrac{12\sqrt{15}}{5}$ (cm²)　したがって，△ACH の面

積について，$\dfrac{1}{2} \times 8 \times IH = \dfrac{12\sqrt{15}}{5}$ が成り立つから，これを解いて，IH $= \dfrac{3\sqrt{15}}{5}$ (cm)

(2)① 次図2のように，JK と AL，BM の交点をそれぞれ O，P とする。JK ∥ DE より，JO : DL ＝ AJ :

AD ＝ 2 : 8 ＝ 1 : 4 だから，JO $= \dfrac{1}{4}$ DL $= \dfrac{1}{4}$ (cm)　同様に，KP $= \dfrac{1}{4}$ cm　OP ＝ AB ＝ 3 cm だか

ら，JK $= \dfrac{1}{4} + 3 + \dfrac{1}{4} = \dfrac{7}{2}$ (cm)　② 次図3のように，J から DE，CF に垂線 JQ，JR をそれぞれひ

き，K から DE，CF に垂線 KS，KT をそれぞれひくと，立体 JK－CDEF は，三角柱 JRQ－KTS と2

つの合同な四角錐 J－CDQR，K－EFTS に分けられる。ここで，L から CD に平行な線をひき CF との

交点を U とし，J から RQ に垂線 JV，A から UL に垂線 AW をひく。△AUL は AU ＝ AL の二等辺三

角形だから，WL $= \dfrac{1}{2}$ UL ＝ 2 (cm)　図1より，AL ＝ BM $= 3\sqrt{7}$ (cm) だから，△AWL において，

AW $= \sqrt{AL^2 - WL^2} = \sqrt{(3\sqrt{7})^2 - 2^2} = \sqrt{59}$ (cm)　このとき，JV : AW ＝ JD : AD ＝ 3 : 4 だか

ら，JV $= \dfrac{3}{4}$ AW $= \dfrac{3\sqrt{59}}{4}$ (cm)　よって，三角柱 JRQ－KTS の体積は，$\left(\dfrac{1}{2} \times 4 \times \dfrac{3\sqrt{59}}{4} \right) \times \dfrac{7}{2} = $

$\dfrac{21\sqrt{59}}{4}$ (cm³)　また，(DQ ＋ SE) の長さは，DE － QS ＝ DE － JK $= 5 - \dfrac{7}{2} = \dfrac{3}{2}$ だから，四角錐 J

－CDQR，K－EFTS の体積の和は，$\dfrac{1}{3} \times \left(4 \times \dfrac{3}{2} \right) \times \dfrac{3\sqrt{59}}{4} = \dfrac{3\sqrt{59}}{2}$ (cm³)　したがって，求める体

積は，$\dfrac{21\sqrt{59}}{4} + \dfrac{3\sqrt{59}}{2} = \dfrac{27\sqrt{59}}{4}$ (cm³)

図1

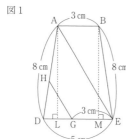

図2

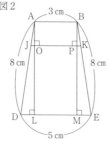

図3

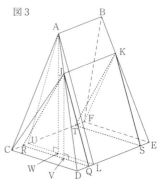

2 (1) $\dfrac{1}{3} \times 6^2 \times 5 = 60$ (cm³)

(2) 右図1のように底面の対角線の交点を P とすると, 正四角すい 　図1
OABCD の高さとなるので, OP = 5 cm　また, PG = 6 ÷ 2 = 3
(cm)より, △OPG で三平方の定理より, OG = $\sqrt{OP^2 + PG^2}$ =
$\sqrt{5^2 + 3^2} = \sqrt{34}$ (cm)　この OG が△OBC の高さなので, △OBC
= $\dfrac{1}{2} \times 6 \times \sqrt{34} = 3\sqrt{34}$　よって, 表面積は, $6^2 + 3\sqrt{34} \times 4 =$
$36 + 12\sqrt{34}$ (cm²)

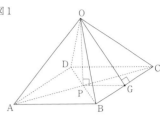

(3) 右図2のように, AB の中点を I とし, E, F を通り底面に垂直な面 　図2
で立体を切ったときの AB, HG との交点を J, K, L, M とおくと,
AJ = $\dfrac{1}{2}$ AI = $\dfrac{1}{2} \times 3 = \dfrac{3}{2}$ (cm)で, 長方形 AJKH = $3 \times \dfrac{3}{2} =$
$\dfrac{9}{2}$ (cm²)　四角すい E—AJKH の高さは正四角すい OABCD の高
さの半分で $\dfrac{5}{2}$ cm なので, 四角すい E—AJKH の体積は, $\dfrac{1}{3} \times \dfrac{9}{2}$
$\times \dfrac{5}{2} = \dfrac{15}{4}$ (cm³)　また, △EJK は, 底辺が JK = 3 cm, 高さが $\dfrac{5}{2}$ cm の三角形なので, △EJK = $\dfrac{1}{2}$
$\times 3 \times \dfrac{5}{2} = \dfrac{15}{4}$ で, EF = JI + IL = 3 (cm)より, 三角柱 EJK—FLM の体積は, $\dfrac{15}{4} \times 3 = \dfrac{45}{4}$ (cm³)

四角すい E—AJKH と四角すい F—BLMG は合同なので, 立体 X の体積は, $\dfrac{15}{4} \times 2 + \dfrac{45}{4} = \dfrac{75}{4}$ (cm³)